ATLAS

DE

BOTANIQUE

ÉLÉMENTAIRE

Atlas de botanique élémentaire

by Jean-Jacques Rousseau, illustrated by Karin Doering-Froger, preface by Marc Jeanson

루소의 식물학 강의

Atlas de botanique élémentaire

제1판 1쇄 2024년 3월 15일

지은이	장 자크 루소	펴낸곳	에디투스	
그린이	카랭 되랭 프로제	등록번호	제2015-000055호(2015. 06. 23)	
옮긴이	황은주	주소	경기도 성남시 분당구 황새울로351번지 10, 401호	
		전화	070-8777-4065	
펴낸이	연주희	이메일	editus@editus.co.kr	
편집	윤현아	홈페이지	www.editus.co.kr	

제작처 상지사

가격 28,000원

ISBN 979-11-91535-10-5 (03480)

JEAN-JACQUES ROUSSEAU

장 자크 루소 지음

ATLAS
DE
BOTANIQUE
ÉLÉMENTAIRE

루소의 식물학 강의

식물 초보자에게 보내는 여덟 통의 편지

KARIN DOERING-FROGER

카랭 되랭 프로제 그림

황은주 옮김

에디투스

일러두기

1. 이 책은 장 자크 루소의 *Atlas de botanique élémentaire*를 우리말로 옮긴 것이다.

2. 맞춤법과 외래어 표기는 국립국어원의 용례를 따랐다. 다만 국내에 이미 굳어진 인명과 지명, 식물 용어라고 판단한 경우에는 통용되는 표기를 썼다.

3. 본문 내 각주는 대부분 옮긴이의 것이며, 원저작 편집자의 것에는 해당 문장 끝에 표기했다.

"자연에 대한 탐구는 우리를 우리 자신으로부터 분리시켜 자연의 창조자에게까지 끌어올립니다. 진정한 철학자가 된다는 것은 이런 것이지요. 그러므로 자연사와 식물학은 지혜와 미덕을 배우기 위한 학문이라고 할 수 있겠습니다."

—1766년 9월 3일 포르틀랑 공작부인에게 보내는 편지

이 인용문은 루소에게 너무나 중요한 문제였던, 과학으로서 식물학과 철학 사이의 관계를 가장 아름다운 방식으로 밝혀낸 문장이라고 할 수 있을 것이다. 철학에 대한 정의는 그동안 18세기 식물학 개념 못지않게 많은 변화를 겪어왔지만, 루소가 식물학에 보다 근본적인 지위를 부여했다는 것만큼은 주목해야 한다. 당대 다른 사람들에게 이 "상냥한 과학"은 존경할 만한 학문이긴 했지만 상대적으로 비주류 영역에 속해 있었기 때문이다.

이 책을 구성하는 여덟 통의 편지는 1771년 8월 22일부터 1773년 4월 11일 사이에 쓰였다. 편지들은 루소가 "벗"이라는 애정 어린 호칭으로 부르는 가까운 친구 마들렌 카트린 들레세르에게 보낸 것으로, 그녀는 이 편지로 딸 마들롱에게 식물학을 가르칠 수 있었다. 루소는 이 일련의 편지에 "교육용" 식물표본을 추가하여 어린 제자와 그 어머니가 편지에서 설명한 형태학적 세부요소들을 직접 관찰할 수 있도록 했다. 마지막 여덟 번째 편지에서는 식물표본과 그것을 만드는 방법에 대해 다루기도 한다.

『루소, 장 자크를 심판하다』에 수록된 두 번째 대화에서 그는 이 조촐한 167쪽짜리 식물표본이 어떻게 만들어졌는지 회고한다. "여러 번에 걸친 대규모 식물채집을 통해 그는 방대한 양의 식물 컬렉션을 만들어냈다. 그는 무한한 정성을 기울여 수집한 식물들을 말렸고, 붉은색 프레임으로 장식된 종이 위에 그것들을 깔끔하게 붙여두었다. 그는 꽃과 잎의 형태와 색상을 보존하기 위해 큰 노력을 기울였으며, 그렇게 준비한 식물표본으로 미니어처 컬렉션을 만들기도 했다."

들레세르 가문이 여러 세대를 걸쳐 식물학에 흥미를 보인 것은 루소의 영향이었을까? 뱅자맹 들레세르*에 이르러 이는 집념 어린 열정으로까지 발전하게 된다. 그는 마들롱의 조카로 산업적인 규모와 방식을 도입하여 설탕을 사탕무에서 추출해내는 데 선구적인 역할을 했을 뿐 아니라 무엇보다 19세기를 통틀어 가장 훌륭한 식물 컬렉션을 만드는 데 기여했다.

루소가 식물학이라는 학문을 발견하게 된 것은 1735년 늦여름, 샤르메트의 한 길가에서 우연히 마주친 식물 덕분이었다. "약초 식물학"를 경시하던 그가 계절에 맞지 않게 울타리에 피어난 푸른 빈카 한 송이에 깊이 매료되었던 것이다. 꽃의 눈부신 자태는 영원히 그의 기억 속에 남게 되겠지만, 식물학자로서 루소의 작업은 식물상植物相†을 순수하게 시각적으로 이해하는 것과는 전혀 다른 길을 걷게 될 것이다. 이는 첫 번째 편지에서부터 분명히 드러난다. "게다가 눈으로 식물을 구별하고 이름을 익히는 데 그친다면 부인과 따님처럼 빼어난 지성을 가진 분들에게는 꽤 따분한 일이 될 것입니다. 따님이 흥미를 오래 유지하기도 어려울 테고요." 루소는 무엇보다 꽃의 구조와 그것을 구성하는 기관들을 관찰하고 명명하기 좋아했던 설명적 식물학자였던 것이다.

순전한 미적 관심이 아닌 식물의 본성 자체에 흥미를 갖도록 유발했던 것이 푸른 빈카였다는 사실은 소홀히 지나칠 문제가 아니다. 꽃은 앞으로 그의 눈길이 오래 머물 대상이기 때문이다. 이 책에 수록된 편지들도 이를 완벽하게 반영하고 있다. 18세기 중반 당시 가장 두드러진 영향력을 지녔던 식물의 분류체계는 꽃을 구성하는 기관과 그 조직에 기초를 두고 있었다. 투른포르Joseph Pitton de Tournefort‡가 제시한 체계는 루돌프

---

* 프랑스의 박물학자이자 사업가 및 정치가. 그가 운영한 들레세르박물관은 25만 점의 식물표본을 소장하고 있었는데, 이는 당시 알려진 9만 5,000여 종의 식물들 중 8만 6,000여 종을 아우르는 컬렉션이었다.

† 특정 지역에 생육하는 모든 종류의 식물을 아울러 '식물상'이라고 하며, 이는 지역 식물학 연구에서 기초가 된다.

‡ 프랑스의 식물학자이자 의사. 식물계통학의 선구자로 알려져 있다.

야코프 카메라리우스*가 강조한 식물의 성 개념을 근본적으로 거부하며, 꽃 식물을 꽃부리의 유무 및 그 구조에 따라 분류했다. 그리고 카메라리우스의 연구에서 영감을 얻은 칼 폰 린네는 꽃 식물을 생식기관의 수와 그 조직에 따라 분류하는 "성체계"를 확립했다. 이제 식물학자들은 자신이 관찰하는 식물이 어떤 그룹에 속하는지 알기 위해 암술과 수술에만 초점을 맞추면 되었다.

　이러한 분류체계가 꽃을 구성하는 기관 외에는 어떠한 식물적 특징(잎, 잎맥 등)도 고려하지 않는다는 점에서 "인위적"이라고 한다면, 이후에 나타난 분류체계는 "자연적"인 것으로, 파리를 거점으로 미셸 아당송Michel Adanson†, 베르나르Bernard de Jussieu‡와 앙투안 드 쥐시외Antoine de Jussieu§ 형제 등에 의해 옹호되었다. 그러나 루소는 평생 린네가 정리한 성체계에 충실했다.

루소는 초보자를 위한 이 식물학 강의를 어린 들레세르 양을 위해 썼지만, 우리 독자들에게 이 편지는 꽃들 한가운데로 뛰어들어 함께 관찰하자고 제안하는 루소의 진심이 담긴 초대이기도 하다. 그러나 어느 꽃이든 괜찮다는 것은 아니다. 루소는 주의를 기울일 가치가 있는 대상을 명확히 한다. 그는 오로지 야생식물들에만 관심을 가졌으며, 그런 자신의 신념에 따라 소위 원예식물을 경계한다는 의사를 분명히 밝혔다. 루소의 눈에 원예식물은 인간에 의해 선택, 변형, 번식되는 괴물과 다르지 않았다.

　식물의 원산지에 대한 루소의 생각은 긴 세월이 흐른 후 근본적이고도 급격한 변화를 겪는다. 루소는 멀리서 온 식물보다는 발밑의 건초가 낫다고 말할 정도였고, 자신

* 독일의 식물학자이자 의사. 식물이 유성생식을 한다는 실험적인 증거를 처음 발견했다.
† 프랑스의 식물학자. 당시 유럽에 잘 알려져 있지 않았던 세네갈, 아소르스 제도 등지를 여행하며 식물을 연구했다.
‡ 프랑스의 식물학자. 형 앙투안의 제안으로 스페인과 포르투갈을 방문해 식물을 채집했다.
§ 프랑스의 식물학자이자 의사. 식물의 자연 분류법을 체계화한 식물학자 앙투안 로랑 드 쥐시외가 이 형제의 조카다.

이 '외국 식물'이라고 부른 식물들—오늘날에는 '외래 식물'이라고 한다—에 대해 평생 경멸을 표해왔다. 그런데 식물에 대한 이러한 "토착주의적" 관점은 생애 말기에 이르러 돌연 바뀌게 된다. 사망 직전 뒤늦게 그를 사로잡은 식물에 대한 강렬한 열정이 그로 하여금 지구상의 모든 식물을 망라한 식물표본집을 편찬하겠다는 광적인 기획에 착수하게 했던 것이다. 이를 위해 루소는 방대한 양의 식물표본 컬렉션 하나를 취득했다. 루소의 식물표본집은 지금까지도 파리의 국립자연사박물관에 보존되어 있으며, 린네의 분류체계를 따라 정리된 494개의 표본이 총 15개의 하드보드 바인더에 수록되어 있다. 말린 식물들은 붉은 잉크로 그린 세 겹의 직사각형 안에 부착되어 있는데, 이 붉은 프레임은 루소의 표본만이 갖는 미적 특징이기도 하다. 표본집에 포함된 식물들 중 상당수는 프랑스령 기아나에서 활발하게 활동했던 식물학자 퓌제-오블레*가 수집한 것이며, 그런 이유로 전형적인 열대식물의 형태와 특성을 띠고 있다.

루소가 살았던 시대는 생물다양성의 감소 문제가 수면으로 떠오르기 전이었다. 그에게 식물학은 "순수한 호기심의 학문으로, 사유하고 감각하는 존재가 자연과 우주의 경이를 관찰하는 데서 이끌어낼 수 있는 경이로움 외에 다른 현실적인 유용성은 없"었다. 그리하여 그는 "식물학에 그것이 지니고 있지 않은 중요성까지 과도하게 부여하려 해서는 안 된다"고 생각했다. 이러한 생각은 21세기에 들어 근본적인 변화를 겪을 수밖에 없게 되겠지만 말이다.

파리국립자연사박물관의 식물표본관에는 루소가 생애 마지막 몇 달 동안 참조했던 말린 표본들이 명명법에 따라 분류되어 있다. 이 참고 표본은 종의 이름을 부여할 때 표준 역할을 하며, 식물의 정확한 이름을 지정하기 위해서도 반드시 필요하다. 식물 연구 일체를 신뢰할 수 있는지 여부가 가느다란 종이 조각으로 고정된 이 말린 식물들

* 프랑스의 탐험가이자 약제사 및 식물학자. 루소의 친구였으며, 사실상 미개척지였던 당시의 프랑스령 기아나에서 방대한 식물채집을 해 식물표본을 만들었다.

에 달려 있다고 해도 과언이 아닌 것이다. 유전학, 식물화학, 약학을 비롯하여 어떠한 과학적 연구라 해도 연구대상이 되는 유기체에 신뢰할 수 있는 방식으로 이름을 지어 줄 수 없다면 제대로 수행될 리가 없다.

각 표본과 관련된 정보(채집 장소와 시기)는 단 하나뿐인 필수적인 준거 역할을 하며, 이를 통해 수 세기에 걸쳐 전 세계 식물상에 영향을 끼친 변화와 다양한 멸종위기종 및 침입종의 개체 수 변화를 정확하게 기록할 수 있다.

루소가 그랬던 것처럼 여전히 수많은 시민들과 의사결정자들은 식물학을 상냥한 과학, 과묵한 백발 신사들의 취미라고 여긴다. 그러나 오늘날에 이르러 식물을 관찰·기술하고, 식물에 이름을 붙이고, 식물표본이나 종자은행의 형태로 식물을 수집하는 일은 그 어느 때보다도 중대한 의미를 지니게 되었다. 인구이동의 가속화와 지속적인 확대, 다양한 전 지구적 변화, 환경에 대한 인류의 영향력 증대 등은 대규모 종을 혼합시켰다. 지금은 숫자의 시대로, 위험에 처한 정도와 종들의 수치에 많은 것이 달려 있다. 이러한 상황에서 생태학은 불안만큼이나 전 지구적인 것이 되었다.

그러나 먼저 위험에 처해 있는 대상을 제대로 알지 않고서는 그것을 보존할 수 없다. 숲은 파괴되고 변질되었지만, 그 수치를 헤아리기 전에 먼저 숲을 구성하는 종들을 명명하는 것이 필요하다. 생태복원의 방향은 그것이 관여하는 종들과 밀접한 연결을 맺지 않겠는가? 관찰하고 기술하지 않고서 우리가 막 작성하기 시작한 생물계의 위대한 목록을 어떻게 이어나갈 수 있겠는가? 살아 있는 종을 확인하지 않고서 어떻게 생물다양성의 침식을 파악하고 제동을 걸 수 있겠는가?

생태학과 생태학자들은 위기가 가속화되는 충격적인 추세, 수천의 멸종위기종과 그 비율, 여섯 번째 멸종위기에 대해 이야기한다. 이러한 상황을 이해하는 작업은 필수적이며, 부인할 수 없는 사실이기도 하다. 그레타 툰베리의 세대는 눈사태처럼 쏟아지는 수치와 추정치들의 프리즘을 통해 생물들의 세계를 발견한다. 그러나 그곳에 식물 관찰을 위해 마련된 자리도 있을까? 총포總苞, 관모冠毛, 꽃부리, 탁엽托葉처럼 어려운 식

9

물학 용어들이 사실은 이 전투와 불가분의 관계임을 유념하고 있을까?

그리하여 나는 식물학에 대한 이 편지가 재출간되는 것이 매우 기쁘다. 도처에 퍼진 의문과 공포, 그래프의 곡선이 생물계를 요약하는 지금, 느릿한 산책과 식물표본, 인내심 있는 관찰과 함께 무한한 아름다움을 지닌 경이로운 작은 세계로 돌아가보는 것은 어떨까?

우리의 머릿속에 건초를 조금 넣어 보도록 하자.

마크 장송

"저는 식물학을 사랑합니다.
매일 더 심해지고 있어요.
이제는 머릿속에 건초밖에 남아 있지 않네요.
이러다 제가 식물이 되어 버리는 게 아닐까 싶어요."*

* 루소가 1765년 8월 1일 디베르누아에게 보낸 편지.

차례

서문_마크 장송   5

첫 번째 편지: 백합과 식물에 대하여   13

두 번째 편지: 십자화과 식물에 대하여   25

세 번째 편지: 콩과 식물에 대하여   37

네 번째 편지: 주둥이꽃에 대하여   49

다섯 번째 편지: 산형화과 식물에 대하여   61

여섯 번째 편지: 복합화에 대하여   77

일곱 번째 편지: 과실수에 대하여   93

여덟 번째 편지: 식물표본에 대하여   101

에필로그: 식물학에서 명명법을 어떻게 볼 것인가?   111

일러스트 차례   122

첫 번째 편지

백합과 식물에 대하여 · 1771년 8월 22일

따님이 즐거이 활기를 쏟을 만한 일을 찾으셨다고요. 그래서 식물과 같이 유쾌하고 다채로운 주제에 관심을 갖기로 하셨고요. 너무나 멋진 생각임을 저 또한 마음을 다해 동감합니다. 나이를 불문하고 자연을 공부하다 보면 경박한 여흥에 대한 취향이 무디어지고 감정의 동요를 막을 수 있게 되는 법이니까요. 영혼의 양식도 취할 수 있게 되지요. 우리가 명상할 수 있는 대상 중 자연만큼 값진 것이 또 없을진대, 그것으로 영혼을 채울 수 있다면 그 유익함이야 말해 무엇하겠습니까?

아이에게 눈앞에 보이는 평범한 식물들의 이름을 최대한 많이 일러주는 것에서 시작하셨다고요. 그렇다면 정확히 해야 할 일을 하신 것입니다. 눈으로 익힌 식물 몇 개에서 출발하여 다른 식물들을 그와 비교하며 지식을 넓혀갈 수 있을 테니까요. 그러나 그것만으로는 충분하지 않습니다. 부인께서는 잘 알려진 식물들의 명칭과 각각의 특징을 정리한 짧은 목록을 만들어 보내달라고 하셨지요. 하지만 그렇게 하기에는 다소 곤란한 점이 있습니다. 식물들을 구별하고 각 특징을 파악하는 법을 애매한 부분 없이 명료하게 전달해야 할 텐데, 저희는 편지로 소통해야 하는 형편이니까요. 식물을 설명하기 위해 따로 마련된 언어를 쓰지 않고서는 제대로 전달하는 것이 불가능해 보이는 데다 이 언어가 전문 용어로 이루어져 있는지라, 부인께서 앞서 배운 적이 없으시다면 도저히 이해할 수 없을 것입니다.

게다가 눈으로 식물을 구별하고 이름을 익히는 데 그친다면 부인과 따님처럼 빼어난 지성을 가진 분들에게는 꽤 따분한 일이 될 것입니다. 따님이 흥미를 오래 유지하기도 어려울 테고요. 그러니 제가 식물의 구조와 구성에 대해 몇 가지 기본 개념을 알려드리는 것이 좋을 듯합니다. 그렇게 하면 단 몇 발자국 남짓이더라도 자연의 세 왕국 중 가장 아름답고 풍요로운 곳*을 약간의 빛의 도움을 받으며 거닐 수 있을 테니까요. 그러니 지금으로서는 명명법이 중요한 것이 아니라고 말씀드려야겠습니다. 그것은 약

---

* 자연계를 구성하는 세 가지(광물계, 식물계, 동물계) 중 '식물계'를 뜻한다.

초상들의 지식일 따름이지요. 저는 식물의 이름을 하나도 모르는 사람도 위대한 식물학자가 될 수 있다고 항상 믿어왔습니다. 따님을 위대한 식물학자로 만들 생각까지는 없다고 해도, 아이가 자신이 보는 대상을 제대로 관찰하도록 가르치는 일은 매우 유익할 것입니다. 이러한 시도에 지레 겁먹을 필요는 없습니다. 아주 대단한 게 아님을 곧 알게 되실 테니까요. 제가 부인께 권하는 것에는 복잡한 것도, 따라하기 어려운 것도 전혀 없습니다. 맨 처음부터 시작할 수 있는 인내심만 준비하면 됩니다. 그런 다음에 우리는 우리가 원하는 딱 그만큼만 나아갈 것입니다.

어느덧 계절은 가을로 접어들었습니다. 식물이 가장 단순한 구조를 보여주는 시기는 지나갔지요. 그러니 저는 부인께서 그동안 관찰한 것들을 정리하면서 시간을 보내시길 권합니다. 대신 봄이 우리를 출발점에 놓고 다시 자연의 흐름을 따르도록 할 날을 기다리는 동안 기억해두면 좋을 용어 몇 가지를 알려드리는 것도 괜찮으리라 생각합니다.

모든 요소를 갖춘 완전한 식물은 뿌리와 줄기, 가지, 잎, 꽃, 열매(식물학에서는 나무뿐만 아니라 풀도 씨앗에서 발생한 것 전체를 열매라고 부릅니다)로 이루어져 있습니다. 이것은 부인께서도 이미 알고 계실 테지요. 적어도 이 단어들이 무엇을 뜻하는지 이해할 만큼은 아실 것입니다. 그런데 더 면밀히 따져봐야 할 핵심적인 부분이 있습니다. 바로 결실이라고 부르는 것, 즉 꽃과 열매를 말이지요. 둘 중 시기적으로 앞서는 꽃

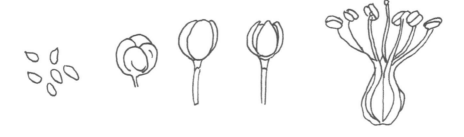

에서부터 시작하도록 합시다. 자연은 바로 이 꽃 속에 자신의 작품을 축약해 담아놓으며, 자신의 작업을 영속시키는 것도 이 꽃을 통해서입니다. 평범한 사람들에게 꽃은 식물의 모든 부분 중 가장 눈부신 것이며, 가장 변화가 적어 알아보기 쉬운 것이기도 합니다.

백합을 예로 들어보도록 하지요. 아직은 만개한 백합을 찾기 어렵지 않을 테니까요. 꽃이 피기 전 줄기 끝에 타원형의 녹색 봉오리가 나 있는 것이 보이시지요? 꽃이 필 준비가 되어갈수록 이것은 점점 흰색으로 변해갑니다. 꽃이 활짝 피고 나면 그 하얀 외피는 여러 갈래로 나뉜 단지 모양이 되지요. 색깔을 띤 이 외피 부분을 꽃부리(화관)라고 합니다. 사람들은 이것을 그냥 꽃이라고 부를 때가 많지만, 엄밀하게 말해 옳은 명칭은 아닙니다. 꽃은 다양한 요소들로 이루어져 있으며, 꽃부리는 꽃을 이루는 여러 요소 중 핵심적인 한 부분일 따름이지요.

백합의 꽃부리는 언뜻 보이는 것과 달리 한 장으로 이루어져 있지 않습니다. 꽃부리가 시들면 여섯 조각으로 나뉘어 떨어지는데, 이것이 꽃잎(화판)입니다. 이처럼 여러 장으로 이루어진 꽃부리를 우리는 겹꽃부리(다화관)라고 부릅니다. 꽃부리가 한 장으로 이루어져 있는 것은 홑꽃부리(단화관)라고 하지요. 메꽃이 그런 경우입니다. 다시 우리의 백합으로 돌아가 볼까요? 꽃부리 안을 살펴보면 한가운데에 작은 기둥 모양의 것이 바닥에 붙어 꼿꼿이 위를 향해 있는 게 보입니다. 이 기둥 전체를 암술이라고 합니다. 암술은 크게 세 부분으로 나뉩니다.

1. 아래쪽에는 둥그스름하게 세 개의 방으로 나눠진 볼록한 원통형 부분이 있습니다. 바로 씨방입니다.
2. 씨방 위로는 얇은 실가닥 같은 부분이 있습니다. 이것을 암술대(화주)라고 부릅니다.
3. 암술대의 윗부분에는 세 갈래로 홈이 패인 기둥머리 같은 것이 있습니다. 이것을 암술머리라고 합니다.

암술의 세 부분은 이처럼 구성되어 있지요.

암술과 꽃부리 사이에는 서로 확연하게 구별되는 여섯 개의 몸체가 있습니다. 그 것이 수술입니다. 각 수술은 두 부분으로 이루어져 있습니다. 꽃부리 바닥에 붙어 있는

가느다란 부분은 수술대(꽃실)이며, 수술대의 위쪽 끝부분에 붙어 있는 통통한 부분은 꽃밥입니다. 꽃밥 하나하나는 상자처럼 되어 있어서 충분히 익고 나면 벌어지게 되는데, 그때 향이 나는 노란 가루들을 뿜어냅니다. 이 가루에 대해서는 나중에 더 이야기하게 될 것입니다. 프랑스어에는 아직까지 이 가루를 칭하는 이름이 따로 없습니다만, 식물학자들은 이것을 '가루'라는 뜻을 지닌 라틴어 단어 pollen(화분)으로 부릅니다.

여기까지가 꽃을 이루는 부분들에 대한 대략적인 분석입니다. 꽃부리가 시들어 떨어지면 씨방이 부풀어 삼각형의 길쭉한 캡슐 모양을 하게 됩니다. 그 안에 있는 세 개의 방에 납작한 씨앗들이 각각 나뉘어서 들어가지요.

씨앗을 감싸는 이 캡슐의 이름은 과피果皮라고 합니다. 하지만 여기서는 열매에 관해 분석하지 않으려고 합니다. 열매라는 주제는 다른 편지에서 다룰 수 있을 테지요.

지금까지 부인께 이름을 알려드린 요소들은 백합이 아닌 다른 식물의 꽃에서도 대부분 그대로 발견됩니다. 식물에 따라 비율이나 위치, 숫자 등에서 차이가 있을 수는 있겠지만요. 식물계에 속한 다양한 과科들은 이 요소들이 어떠한 비율로 어떻게 조합되는지에 따라 결정됩니다. 그리고 꽃을 이루는 부분들 사이의 유사성은 겉보기에 꽃과 아무 상관없는 다른 부분들의 유사성과도 연결됩니다. 예를 들어 수술이 여섯 개이거나 세 개이고, 꽃잎 또는 꽃부리의 갈래가 여섯 개이며, 삼각형 모양의 씨방 속에 세 개의 방이 있다고 합시다. 이것은 백합과에 속한 모든 식물이 공유하는 특징입니다. 그리고 수도 없이 많은 백합과 식물들은 전부 뿌리가 구근球根 또는 알뿌리로 되어 있습니다. 그 형태와 구성이 다소 다르긴 하겠지만 말입니다. 예를 들어 백합의 구근이 여러 겹의 비늘로 이루어진다면, 아스포델은 길쭉한 순무 다발에 가깝고, 사프란은 위아래로, 콜키쿰은 옆으로 나란히 두 개의 구근이 겹쳐 있습니다. 하지만 모두 구근이라는 점에서는 동일하지요.

제가 백합을 예로 든 이유는 지금이 한창 백합철이어서기도 하지만, 꽃을 이루는 부분들이 큼직해서 관찰하기 좋기 때문입니다. 다만 백합에는 완전한 꽃이라면 지니고 있을 구성요소 중 하나가 빠져 있습니다. 바로 꽃받침입니다. 꽃받침은 보통 다섯 개의 작은 잎으로 갈라진 녹색 부분인데, 꽃부리를 아래에서부터 지탱하여 꽃이 피기

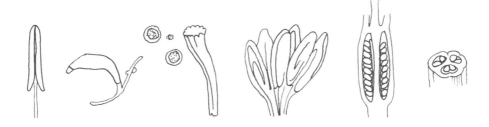

전까지 완전히 감싸는 역할을 합니다. 장미를 생각하시면 한결 이해하기 쉬울 것입니다. 꽃받침은 거의 모든 꽃들에서 발견되지만, 튤립, 히아신스, 수선화, 월하향이나 언뜻 보기에는 몹시 다르게 생겼어도 같은 과에 속하는 양파, 파, 마늘 등의 백합과 식물에는 존재하지 않습니다. 또한 백합과에 속한 식물들을 관찰하면, 줄기 구조가 단순하고 가지가 거의 없으며, 잎 가장자리에 톱니 모양이 없는 통짜 잎이라는 것도 알 수 있을 것입니다.

이러한 관찰은 이 과에 속하는 식물들이 꽃과 열매뿐만 아니라 다른 부분에서도 유사하다는 점을 분명하게 보여줍니다. 그러니 세부요소들에 주의를 기울이고, 빈번한 관찰로 익숙해지도록 합시다. 그러다 보면 부인께서도 주의 깊고 꾸준한 조사로 어느샌가 어떤 식물이 백합과에 속하는지 아닌지 확신할 수 있는 능력을 갖게 될 것입니다. 설령 그 식물의 이름을 모를지라도 말입니다. 이제 부인께서도 아시겠지요. 이것은 단순히 기억의 노력이 아니라 관찰과 사실에 대한 연구이며, 이것이야말로 진정으로 자연주의자에게 걸맞은 방식임을 말입니다. 그렇다고 따님에게 처음부터 이 모든 것을 전부 다 말해줘서는 안 됩니다. 언젠가 부인이 식물 세계의 신비를 맛볼 줄 아는 이들에 속하게 된다면 그때는 더더욱 그러지 않도록 조심해야 합니다. 하나하나 일러주기보다는 아이가 스스로 발견하도록 이끌어서, 나이와 성별에 적합한 만큼씩 점진적

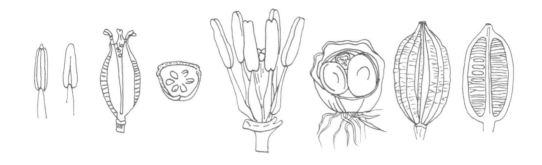

으로 발전할 수 있도록 하십시오. 그럼 내 소중한 벗이여, 이만 인사를 전하겠습니다. 이런 횡설수설이라도 괜찮으시다면, 제가 늘 곁에 있겠습니다. 얼마든지 이용해주시지요.

두 번째 편지

십자화과 식물에 대하여 • 1771년 10월 18일

친애하는 부인, 보내드린 첫 번째 식물 스케치는 그저 가볍게 언급하는 정도에 불과했는데 어쩜 그리도 훌륭하게 이해하셨는지요? 벌써 부인은 그 밝은 눈으로 백합과에 속한 식물들을 구별할 수 있게 되었다고요. 우리의 꼬마 식물학자께서도 꽃부리며 꽃잎과 함께 즐거운 시간을 보내고 있고요. 이제 따님이 얻은 작은 지식을 다시 한번 활용할 수 있도록 다른 과에 속한 식물을 소개해드려도 좋을 것 같습니다. 다만 꽃의 크기가 훨씬 작은 데다 잎의 모양도 가지각색이어서 조금 더 까다로울 거라고 말씀드리지 않을 수 없겠네요. 그러나 꽃으로 가득한 이 길을 따라오는 여러분이 앞에서 이끌어가는 저만큼 즐거움을 느낄 수 있다면, 부인도 따님도 지난번만큼이나 기쁘게 이 길을 걸어나갈 수 있으리라 생각합니다.

봄을 알리는 첫 햇살은 정원에 핀 히아신스, 튤립, 수선화, 노랑 수선화, 은방울꽃을 전에 없이 환히 드러내며 부인의 발전을 밝게 빛낼 것입니다. 부인은 이제 그 꽃들을 분석할 수 있는 사람이니까요. 그때가 되면 곧 다른 꽃들, 이를테면 꽃무나 보라십자화 같은 꽃들*이 부인의 시선을 사로잡으며 새로운 탐구에 뛰어들라고 청할 것입니다. 하지만 개량시킨 겹꽃이라면 구태여 조사하느라 애쓰지 않아도 됩니다. 흉하게 변형된 꽃들이지요. 사람의 유행에 맞춰 치장한 꽃이라고도 할 수 있습니다. 그런 곳에 자연은 더 이상 존재하지 않습니다. 자연은 그처럼 훼손된 괴물을 통해서는 현현하길 거부하지요. 꽃부리처럼 찬란한 부분을 늘리게 된다면, 그 화려함 뒤로 더 본질적인 부분이 가려지는 희생을 감수해야 합니다.

그러니 홑꽃의 꽃무를 택하여 그 꽃을 분석해보도록 합시다. 우선 부인께서는 꽃의 바깥쪽에서 백합과 식물에서는 볼 수 없던 부분을 발견하실 겁니다. 바로 꽃받침이지요. 이 꽃받침은 네 갈래 조각으로 나뉘어져 있습니다. 꽃부리를 이루는 조각은 꽃잎

---

* 원문에는 "Telles seront les giroflées ou violiers; telles les juliennes ou girardes"와 같이 총 네 개의 식물 이름이 나오나, 각 쌍은 비슷한 부류의 식물을 지칭하고 마땅히 대응되는 번역어가 없기에 "꽃무나 보라십자화 같은 꽃들"로 옮겼다.

이라고 부르지만, 꽃받침을 이루는 조각에는 따로 이름이 없기에 잎 또는 이파리라고 부르는 수밖에 없을 것 같습니다. 꽃받침의 잎 네 개는 보통 둘씩 쌍을 이루어 서로 구분됩니다. 한 쌍은 서로 같은 모양을 하며 마주보고 있고, 크기가 더 작습니다. 다른 한 쌍 역시 서로 같은 모양에 마주보고 있는 것은 동일하지만, 크기가 더 크고 아래쪽이 둥그스름하게 불룩 솟아 있어 쉽게 알아볼 수 있습니다.

꽃받침 안쪽을 보면 네 장의 꽃잎으로 이루어진 꽃부리가 있을 것입니다. 꽃부리의 색깔에 대해서는 이야기하지 않으려 합니다. 색깔은 진정으로 식물의 특징을 구성하는 요소라고 보기 어려우니까요. 각각의 꽃잎들은 꽃받침의 바닥, 즉 꽃받기(화탁)에 붙어 있습니다. 꽃잎의 아래쪽 연결 부분은 비교적 좁고 옅은 빛깔을 하고 있는데, 이를 꽃발톱이라고 부릅니다. 꽃잎의 위쪽 부분, 그러니까 꽃받침 바깥으로 넘치듯 피어난 부분은 보다 넓고 색이 진한데, 이는 꽃날개라고 부릅니다.

꽃부리의 중앙부에는 길쭉한 암술이 원통형의 모양을 하고 있습니다. 암술의 위쪽 부분에는 매우 짧은 암술대가 있으며, 그 끝에는 길쭉한 암술머리가 두 갈래로 나뉘어져 있습니다. 각각의 갈래는 뒤쪽으로 휘어져 있지요. 그럼 이제 꽃받침과 꽃부리의 위치가 어떠한지 세심하게 살펴보도록 합시다. 꽃잎이 꽃받침잎이 위치한 곳에 정확히 맞추어 붙어 있지 않고, 두 개의 꽃받침잎 사이에 붙어 있는 게 보일 것입니다. 그리하여 꽃잎의 위치는 꽃받침의 벌어진 부분에 대응하게 되지요. 꽃부리를 이루는 꽃잎

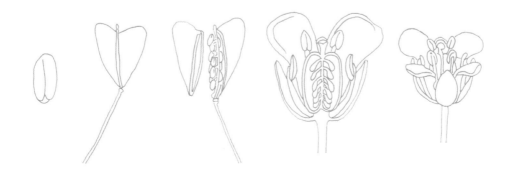

의 수와 꽃받침을 이루는 잎의 수가 동일한 꽃들은 모두 이처럼 서로 번갈아가며 자리를 잡고 있습니다.

이제 수술에 대해 살펴볼 차례입니다. 꽃무의 꽃도 백합과 식물과 마찬가지로 여섯 개의 수술을 갖고 있습니다. 하지만 여섯 개의 수술 모양이 동일하지는 않아요. 두 가지 모양이 번갈아가며 하나씩 나 있는 것도 아닙니다. 나머지 네 개에 비해 확연하게 짧은 두 개의 수술이 서로 마주보고 있고, 그 양쪽으로 보다 긴 수술들이 각각 원을 그리며 두 개씩 나 있는 식이지요.

여기서 수술의 구조와 위치에 대해 더 자세히 파고들지는 않을 생각입니다. 하지만 이것만은 미리 말씀드릴 수 있습니다. 부인께서 잘 살펴보기만 한다면, 두 개의 수술이 나머지 네 개의 수술보다 짧은 이유가 무엇인지, 꽃받침의 잎 두 개가 비교적 볼록한 반면 나머지 잎 두 개는 보다 평평한 이유가 무엇인지에 대해 전부 알게 되실 거라고 말입니다.

우리의 꽃무 이야기를 마무리하려면 꽃 분석만으로 끝내서는 안 됩니다. 꽃부리가 시들어 떨어질 때까지 기다려야 합니다. 꽃무의 꽃부리는 빨리 지는 편이지요. 꽃이 진 후에 암술이 어떻게 변하는지 살펴봅시다. 지난번에 말했듯 암술은 씨방(또는 과피), 암술대, 암술머리로 구성됩니다. 꽃이 지고 나면 씨방은 그 길이가 훨씬 길쭉해지고 그 크기도 불어나면서 점차 열매로 무르익습니다. 다 익고 나면 꽃무의 씨방, 즉 열매는 납작한 콩꼬투리 모양을 한 장각과長角果라는 종류의 열매가 됩니다.

장각과는 두 개의 얇은 껍질이 맞붙은 모양을 하고 있으며, 이 껍질들은 격막이라고 불리는 매우 얇은 가름막을 중심으로 둘로 나뉘어집니다. 씨앗이 완전히 익으면 두 개의 얇은 껍질이 아랫부분에서부터 위쪽을 향해 갈라집니다. 이때 가장 윗부분은 분리되지 않고 암술머리에 매달린 채로 남아 있습니다. 열린 아래쪽 공간으로 씨앗이 이동할 수 있게 되는 것이지요. 이제 우리는 격막의 양쪽 면에 붙어 있는 납작하고 둥근 씨앗을 볼 수 있습니다. 씨앗이 어떻게 붙어 있는지 자세히 보다 보면, 씨앗 하나하나가 작은 꼭지에 매달려 격막의 양쪽 테두리에 좌우 교대로 고정된 것을 발견할 수 있습니다. 격막의 테두리는 맞붙어 있던 두 껍질의 봉합선 역할을 하던 것이지요. 씨앗의 꼭지는 이 테두리를 따라 꿰매어 놓은 듯한 모습입니다.

기나긴 설명으로 내 소중한 벗을 피로하게 만든 것은 아닌지 염려가 되는군요. 하지만 십자화과에 속하는 수많은 식물들, 십자가 모양을 한 꽃들의 본질적인 특징을 알려드리기 위해서는 달리 도리가 없었습니다. 거의 모든 식물학자들이 제시한 체계에서 십자화과 식물은 온전한 하위 분류 하나를 이루고 있지요. 지금처럼 그림도 없이 설명을 이해하기는 어렵겠지만, 언젠가 식물을 직접 눈앞에 두고 주의를 기울여 따라간다면 훨씬 명료하게 다가오리라고 감히 말씀드려 봅니다.

십자화과에 속하는 식물들에는 너무 많은 하위 종들이 있기 때문에 식물학자들은 이들을 크게 두 그룹으로 나누고 있습니다. 이 두 그룹의 꽃들은 서로 완벽에 가깝게 유사하지만, 열매는 확연한 차이를 보입니다.

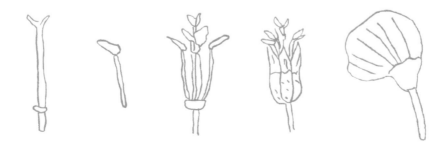

첫 번째 그룹은 제가 예로 든 꽃무처럼 장각과의 열매를 맺는 것들로, 보라십자화, 물냉이, 양배추, 라비올, 순무, 겨자 등이 해당합니다.

두 번째 그룹은 단각과의 열매, 즉 장각과보다 길이가 훨씬 짧은 열매를 맺는 것들입니다. 단각과 열매는 가로세로 크기가 거의 동일하며, 내부가 나뉘어진 모양도 장각과와는 조금 다릅니다. 큰다닥냉이*, 말냉이, 코크레아리아, 루나리아 등이 이에 속합니다. 루나리아는 열매의 꼬투리가 매우 큰데도 단각과에 속하는데, 이는 가로와 세로의 크기가 거의 동일하기 때문입니다. 큰다닥냉이, 말냉이, 코크레아리아, 루나리아가 낯선 식물일 수도 있을 것 같습니다. 하지만 부인께서도 냉이가 무엇인지는 아시겠지요. 정원에 피는 잡초로 아주 흔한 식물이니까요. 그렇습니다, 부인. 냉이 역시 단각과의 열매를 맺는 십자화과 식물입니다. 삼각형의 단각과 열매를 맺지요. 그러니 다른 식물들을 관찰할 기회가 찾아올 때까지 냉이를 관찰하며 그 모습을 그려볼 수 있을 것입니다.

이제 한숨 돌리도록 부인을 놓아드려야 할 것 같네요. 이 편지를 활용하기에 좋은 계절이 찾아올 때까지 편지를 몇 번은 더 보낼 수 있을 테니까요. 십자화과 식물에 대

---

* 원문에는 "nasitort나 natou라고도 불리는"이라는 말이 뒤에 있는데, 한국어에서는 이에 대응하는 이름을 찾을 수 없어 생략한다.

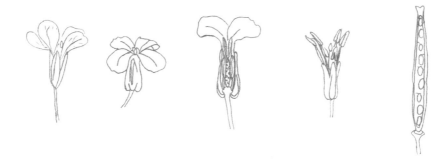

해 꼭 알려드려야 할 것이 남아 있거나 미처 말씀드리지 못한 부분이 있다면 다음 편지에 덧붙이도록 하겠습니다. 다만 이 말씀은 미리 드리는 게 나을 것 같습니다. 십자화과 식물뿐만 아니라 다른 과의 식물의 경우에도 꽃의 크기가 꽃무보다 훨씬 작아서 돋보기 없이는 부분 부분을 살펴볼 수 없는 때가 꽤 있을 것입니다. 돋보기는 식물학자라면 마땅히 갖추어야 할 연장이지요. 바늘이나 뾰족칼, 날이 잘 드는 원예용 가위가 그런 것처럼요. 어머니로서의 열의가 부인을 거기까지 이끌어가리라 생각하면서, 돋보기를 든 아름다운 벗이 한가득 피어 있는 꽃에 푹 빠져 있는 사랑스런 그림 한 폭을 마음속에 그려봅니다. 그 어떤 꽃과도 비할 수 없이 화사하고 싱그러우며 상냥한 그녀의 모습을요. 벗이여, 다음 편지까지 안녕히 지내시길 빌겠습니다.

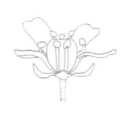

세 번째 편지

콩과 식물에 대하여 • 1772년 5월 16일

친애하는 부인, 부인께서 두 번째 편지에 따로 언급하지는 않으셨지만 제 지난번 답장을 잘 받으셨으리라 생각합니다. 새로 답장을 하는 지금, 부인의 편지에서 제 마음을 끌었던 부분부터 먼저 써야겠네요. 어머님께서 잘 회복하셔서 건강한 몸으로 스위스로 출발하셨길 바랍니다. 줄리 양은 어머님과 함께 떠나셨을 테지요. 그녀에게 주려고 만든 자그마한 식물표본을 발 드 트라베르로 돌아가는 기유네 씨에게 맡겨두었습니다. 부인의 주소를 일러주었으니 줄리 양이 안 계시는 동안 받아두었다가, 형편없는 표본일지언정 혹여라도 쓸 만한 부분이 있다면 부인께서 이용하셔도 좋을 것입니다. 하지만 그 허섭스레기에 대해 부인께 그 이상 권리가 있다고 인정해드리기는 어렵겠지요. 대신 부인께는 그 표본을 만든 사람에 대해 권리가 있지 않습니까? 그 권리는 제가 아는 한 가장 강력하고도 귀한 것입니다. 식물표본은 부인의 누이와 함께 크루와 드 바그를 산책하는 길에 식물채집을 하면서 제가 만들어주기로 약속했던 것입니다. 베즈에서 할머니와 함께 있을 때였지요. 그때 제 심장과 발길은 부인을 뒤따르고 있었지만, 부인께서는 식물과 산책에 아무런 관심을 두지 않으셨습니다. 약속을 지키는 데 시간이 이렇게 오래 걸렸는데 결과물까지 형편없으니 제 얼굴이 붉어집니다.

어쨌건 이 약속에 관해서는 줄리 양에게 우선권이 있다고 해야 할 것입니다. 하지만 내 소중한 벗이여, 당신에게 제 손으로 직접 만든 식물표본을 주겠다고 약속하지 않는 것은 당신을 위해서입니다. 부인이 따님과 함께 이 감미롭고도 매력적인 공부를 계속해나간다면, 그래서 다른 사람이라면 한가로이 흘려보내거나 더 나쁜 것들로 채울 여가시간을 흥미진진한 자연 관찰로 채운다면, 언젠가 따님의 손으로 직접 만든 더할 나위 없이 귀한 식물표본을 얻게 될 수 있을 테니까요. 그러니 이제 잠시 놓고 있던 끈을 다시 붙들고, 식물의 과科들에 대한 우리 이야기로 돌아가 보도록 하지요.

먼저 제 계획을 말씀드리지요. 부인께 우선 여섯 종류의 식물 과에 대해 설명드리고, 이를 통해 식물의 특징적인 부분이 어떤 구조로 이루어지는지 친숙해지도록 하는 게 목표입니다. 부인께서는 벌써 두 가지를 익히셨으니, 이제 네 개가 남았네요. 앞으로 나아가기 위해서는 계속해서 끈기가 필요할 것입니다. 그 후에는 수많은 식물들이 속한 다른 분파들은 잠시 제쳐두고, 결실을 이루는 다양한 부분을 탐구하는 쪽으로 넘어가려고 합니다. 이렇게 한다면 아주 많은 식물들을 알게 되지는 못할 수 있지만, 식물계의 산물들 가운데서 부인 스스로를 이방인으로 느끼는 일은 결코 없을 것입니다.

하지만 이것만큼은 미리 알려드려야 할 것 같습니다. 부인이 책을 통해 일반적인 명명법을 공부한다면, 식물의 이름은 많이 알게 되겠지만 식물에 대한 이해는 거의 얻을 수 없을 거라고요. 그렇게 얻은 지식은 곧 흐릿해질 것이고, 부인은 제가 제시한 길이나 다른 사람이 내놓은 길 그 어느 쪽도 따라가지 못하게 되겠지요. 결국 이름 외에 다른 이해는 남지 않을 것입니다. 내 소중한 부인, 이 분야에 있어서 만큼은 부인의 유일한 안내자였으면 하는 제 간절한 마음을 알아주시지요. 때가 되면 참조할 만한 책들을 일러드리겠습니다. 그때까지는 인내심을 갖고 자연이라는 책에 담긴 것만 읽으십시오. 그리고 제 편지에 기대시길 부탁드립니다.

완두콩이 한창 익어가는 요즘입니다. 이를 기회로 식물학에서 가장 흥미로운 존재 중 하나인 완두콩의 특징을 관찰해보도록 합시다. 꽃은 일반적으로 규칙적인 것과 불규칙적인 것으로 나눌 수 있습니다. 규칙적인 경우에는 꽃을 이루는 각 부분이 모두 꽃의 중심에서 출발하여 둥글게 퍼져나가며, 그 바깥쪽 끝이 원의 원주에 접합니다. 이 일정함으로 인해 이러한 종류의 꽃들은 우리 눈에 상하좌우를 구별할 수 없는 것으로

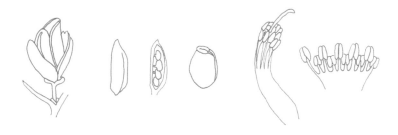

보입니다. 앞서 살펴봤던 두 과의 식물들이 여기 속합니다. 그런데 부인께서는 완두콩의 꽃이 불규칙적임을 첫눈에 알 수 있으실 것입니다. 꽃부리의 위쪽 부분이 더 길고 아래쪽 부분은 더 짧다는 것이 쉽게 눈에 띌 테니까요. 꽃을 자연 그대로의 위치에 두고 보나 뒤집어서 보나 이를 잘 확인할 수 있습니다. 그리하여 불규칙적인 꽃의 위아래를 구별할 때 우리는 늘 꽃을 자연 그대로의 위치에 두고 이야기하게 됩니다.

이 과에 속하는 식물들은 구성이 몹시 특이합니다. 그래서 여러 송이의 완두콩꽃을 두고 순서대로 분해해가면서 각 부분을 하나하나 관찰할 필요가 있습니다. 뿐만 아니라 완두콩의 결실에 대해 알려면 첫 개화 때부터 열매가 완전히 익을 때까지 전체 과정을 따라가야 합니다. 자, 먼저 부인은 완두콩꽃의 꽃받침이 단엽, 즉 한 장의 잎임을 발견할 수 있을 것입니다. 이 꽃받침은 서로 확연히 구별되는 다섯 개의 뾰족한 끝으로 이어지는데, 이 중 위쪽의 두 개는 약간 더 넓고 아래쪽의 세 개는 보다 좁은 모양입니다. 꽃받침과 그것을 지탱하는 꽃받침대는 바닥을 향해 굽어 있고요. 완두콩꽃의 꽃받침대는 몹시 가늘고 유연해서 공기의 흐름을 타고 산들거릴 수도 있고, 비바람에 등이 굽기도 합니다.

꽃받침을 전부 살펴보았다면 이제 그것을 조심스럽게 떼어내고, 꽃만 온전히 남겨놓으세요. 그러면 꽃부리가 여러 장의 꽃잎으로 이루어진 다판多瓣임이 훤히 보일 것입니다.

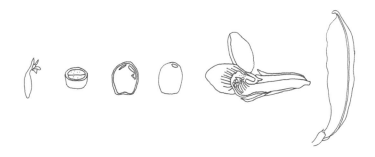

이 중 꽃부리의 상층부를 차지하고 있는 첫 번째 조각은 꽃잎이 크고 넓어서 다른 꽃잎들을 덮는 모양을 합니다. 그래서 이 커다란 꽃잎은 파비용(pavillon, 덮개, 닫집, 천막)이라는 이름을 갖지요. 에탕다르(étendard, 군기, 깃발)라고 불리기도 합니다. 눈과 지성을 닫아버리지 않는 한 파비용이 다른 꽃잎들을 바람의 피해로부터 막아줄 우산 역할을 한다는 것을 알아채기는 어렵지 않을 것입니다.

아까 꽃받침을 떼어냈던 것처럼 이번에는 파비용을 제거해봅시다. 파비용을 떼어내면서 잘 살펴보면 이 꽃잎이 모자의 귀덮개처럼 튀어나온 연결부를 통해 양쪽 측면의 꽃잎들 안으로 파고들어 박혀 있다는 것을 알 수 있습니다. 그리하여 바람이 불어도 흐트러지는 일 없이 제 자리를 지킬 수 있지요.

파비용을 떼어내고 나면, 이제 그 양쪽 측면에 이어져 있던 꽃잎들이 잘 보일 것입니다. 이 꽃잎들을 날개라고 부릅니다. 이 날개는 서로 훨씬 더 강한 힘으로 박혀 있어 어지간한 힘으로는 쉽게 떼지지 않습니다. 파비용이 꽃을 덮는 역할을 했던 것처럼 이 날개들도 꽃의 측면을 보호하는 데 아주 유용하지요.

날개를 다 떼어내고 나면 꽃부리를 이루는 마지막 조각이 보일 것입니다. 이 조각은 꽃의 중심부를 덮어 보호하는 역할을 합니다. 앞서 살펴본 세 꽃잎이 각각 위쪽과 측면에서 꽃을 감싸고 있었다면, 이 꽃잎은 그들 못지않은 세심함으로 아래쪽에서부터 꽃을 감싸고 있지요. 이 생김새 때문에 용골龍骨*꽃잎이라는 이름이 붙은 이 마지막 조각은 자연이 비바람으로부터 자신의 보물을 안전하게 보호하는 금고와도 같습니다.

이 꽃잎도 다 살펴보셨다면, 용골 모양을 한 꽃잎의 아랫부분을 살짝 꼬집듯 당겨 떼어내 봅시다. 매우 얇은 부분이니 꽃잎이 감싸고 있는 다른 부분들까지 같이 떼어내지 않으려면 조심해서 잡아야 합니다. 마침내 마지막 꽃잎이 떨어져나가 그동안 감춰

---

* 선박의 중심축. 건축에서 대들보가 집의 하중을 떠받치듯, 선박 바닥의 중앙부를 앞뒤로 가로지르며 선체 전체를 떠받치는 기능을 한다.

온 신비를 드러내는 순간, 부인은 돌연 펼쳐진 광경 앞에 놀람과 경탄의 외침을 금할 수 없을 것이라고 저는 확신합니다.

용골꽃잎이 감싸고 있던 어린 열매는 다음과 같이 이루어져 있습니다. 원통형의 막이 씨방, 즉 콩깍지의 씨눈을 둘러싸고 있는데, 이 막의 끝부분은 열 개의 가느다란 실로 갈라져 있습니다. 이 열 개의 실이 바로 수술입니다. 수술은 아래쪽에서는 하나로 합쳐져 있어 씨눈의 싹을 에워싸지만, 위쪽 끝에서는 열 개로 나뉘어 각기 노란 꽃밥을 달고 있지요. 이 꽃밥 가루가 암술 끝부분의 암술머리를 수정시킵니다. 암술 역시 꽃밥 가루가 묻어 있어 노랗게 보이기는 하지만, 수술과는 모양과 크기가 달라 쉽게 구별할 수 있습니다. 이렇게 씨방을 에워싸고 있는 열 개의 수술은 외부에서 오는 피해로부터 씨방을 보호하는 최후의 갑옷이 되어줍니다.

이제 어린 열매를 좀 더 가까이에서 들여다보도록 합시다. 겉보기와는 달리 열 개의 수술이 전부 밑에서 하나의 몸을 이루는 게 아님을 알게 될 것입니다. 원통의 상층부에 있는 수술 하나 때문입니다. 이 수술은 처음에는 다른 수술들과 붙어 있는 것처럼 보입니다. 그러나 꽃이 시들고 열매가 익어갈수록 다른 수술들로부터 떨어져나와 위쪽으로 공간을 열어놓지요. 이 공간을 통해 열매가 몸을 뻗을 수 있게 되는 것입니다. 열매는 자라나면서 원통을 반쯤 갈라놓고 그 틈을 점점 더 벌리는데, 저 공간이 없다면 원통이 열매를 압박하고 옥죄어 발육도 성장도 할 수 없을 것입니다. 꽃의 변화가 아직 충분히 진행되지 않았다면 이 수술이 원통에서 분리되어 있는 모습을 육안으로 보

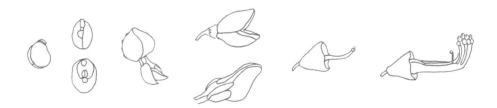

기가 쉽지 않을 수도 있습니다. 그럴 경우에는 수술의 바닥 면에 있는 꽃받기 근처에서 작은 구멍 두 개를 찾아 핀을 찔러 넣어 보세요. 꽃밥을 단 수술 하나가 핀을 따라 움직이며 다른 아홉 개의 수술과 분리되는 것을 볼 수 있습니다. 나머지 아홉 개의 수술은 계속 한 몸을 이루고 있다가, 수정된 싹이 콩깍지가 되어 더는 수술이 필요하지 않게 되면 시들어 말라버리게 됩니다.

씨방은 익어가면서 콩깍지로 변해갑니다. 콩깍지는 십자화과 식물의 장각과와 유사하지만 서로 구별됩니다. 장각과에서 씨앗은 두 개의 봉합선에 번갈아가며 붙어 있는 반면, 콩깍지에서 씨앗은 두 개의 봉합선 중 한쪽에만 붙어 있기 때문입니다. 보다 정확히 말하자면 콩깍지를 이루는 껍질 양쪽에 번갈아가며 고정되어 있지만, 어쨌건 한쪽 봉합선에만 붙어 있는 것이지요. 완두콩의 콩깍지와 꽃무의 장각과 열매를 함께 열어보면 이 차이가 무엇인지 완벽하게 파악할 수 있습니다. 다만 둘 다 열매가 완전히 익기 전에 열어봐야 한다는 점을 주의하세요. 열매를 열고 난 후에도 씨앗들이 결합조직을 통해 봉합선과 껍질에 붙어 있는 상태를 유지해야 하니까요.

친애하는 벗이여, 제가 제대로 설명드린 것이 맞다면 부인도 이해하실 겁니다. 아무리 큰 비가 쏟아져도 해로운 습기로부터 보호받아 완두콩의 배아를 안전하게 성숙시킬 수 있도록 자연이 놀랍도록 세심하게 대비해두었다는 것을 말입니다. 자연은 딱딱한 껍질에 완두콩을 가두어놓지 않고서도 이 일을 해냅니다. 만일 그랬다면 지금 우리가 알고 있는 것과는 전혀 다른 열매가 만들어졌겠지요. 세상의 모든 존재들을 보존하고자 늘 염려하는 이 지고의 장인은 결실을 맺으면서 겨울지도 모르는 병해로부터 식물을 보호하기 위해 이렇게 극진한 배려를 해두었습니다. 대부분의 콩과 식물을 비롯해 인간과 동물의 양식이 되어주는 식물들에게는 특히 더 큰 관심을 베풀어 주었고요. 완두콩에서 결실을 담당하는 기관의 여러 특징은 이 과에 속한 식물 전체에 동일하게 나타납니다. 이 꽃들은 콩과(나비과, papilionacées)라는 이름을 갖는데, 이는 그 모양이 나비papillon를 연상시키기 때문입니다.

콩과 식물의 꽃들은 보통 하나의 파비용과 두 개의 날개, 하나의 용골꽃잎을 지니고 있으며, 이 네 장이 모여 불규칙한 꽃을 구성합니다. 하지만 이 콩과를 이루는 식물들 중 몇몇 속屬의 경우에는 용골꽃잎이 길게 두 갈래로 나뉘어져 있기도 합니다. 이때 두 용골꽃잎은 용골 모양을 한 연결 부위를 통해 거의 붙어 있는 것처럼 보이지만 실제로는 분리되어 있는데, 그렇다면 이 경우에는 꽃잎이 다섯 장이라고 해야 할 것입니다. 붉은 클로버처럼 꽃을 이루는 모든 부분이 하나의 조각에 붙어 있는 식물들도 있습니다. 이런 경우는 콩과 식물임에도 단엽식물인 것이지요.

콩과 또는 나비과 식물은 그 수도 가장 많고, 유익함 면에서도 가장 빼어난 식물과 중 하나입니다. 잠두콩, 금작화, 자주개자리, 황기, 렌즈콩, 살갈퀴, 연리초, 강낭콩 등이 이에 속하는데, 이들은 나선형의 용골꽃잎을 특징으로 갖습니다. 처음에 사람들은 이러한 특징을 그저 우연으로 생각했지요. 콩과에는 나무들도 있습니다. 사람들이 흔히들 아카시아라고 부르는 나무가 이에 속합니다. 실제로는 아카시아가 아니지만요. 인디고와 감초도 있습니다. 하지만 더 자세한 이야기는 나중에 하도록 하지요. 이만 인사를 전합니다. 당신이 사랑하는 모든 것에 키스를 보냅니다.

네 번째 편지

친애하는 벗이여, 정확한 해답을 찾으셨군요. 제가 십자화과 식물을 설명하면서 과제로 드린 수술과 관련한 문제의 해답 말입니다. 부인께서 제 이야기를 잘 이해했다는 증거지요. 아니, 어쩌면 제게 귀 기울여주셨다는 증거라고 해야 할지도 모르겠습니다. 이해하기 위해서는 귀 기울이기만 하면 되는 법이니까요. 꽃무의 꽃에서 꽃받침을 이루는 잎 두 개가 볼록하고 두 개의 수술이 상대적으로 더 짧다는 점을 설명하기 위해서 부인은 이 짧은 수술이 휘어져 있다는 사실을 활용했습니다. 여기서 한 걸음 더 내디딘다면 이러한 구조를 띠게 된 제1원인에 도달할 수 있습니다. 이 두 개의 수술이 왜 휘어져 짧아졌는지 그 이유를 계속 탐구하다 보면, 꽃받기 위로 짧은 수술과 싹 사이에 작은 분비샘이 하나씩 박혀 있음을 발견할 것입니다. 이 분비샘이 수술을 바깥쪽으로 밀어내 둘레를 이루기 때문에 길이가 짧아질 수밖에 없음을 말이지요.

꽃받기 위에는 이외에도 분비샘이 두 개가 더 있습니다. 긴 수술 한 쌍의 발치에 각각 하나씩 있지요. 하지만 이 경우에는 분비샘이 수술들을 가장자리로 밀어내지 않기 때문에 짧아지는 일도 없습니다. 이 분비샘들은 앞의 두 분비샘과 달리 안쪽에 있지 않으니까요. 이들은 한 쌍의 긴 수술과 꽃받침 사이에 있지요. 그리하여 긴 네 개의 수술들은 수직으로 똑바로 뻗어 굽어 있는 수술들 바깥으로 빠져나오게 되는 것입니다. 꼿꼿하기에 더 길어 보이는 것이지요. 네 개의 분비샘, 또는 이 분비샘의 흔적들은 정도 차이는 있겠지만 거의 모든 십자화과 식물의 꽃들에서 눈으로 확인할 수 있으며, 꽃무의 꽃에서보다 더 뚜렷하게 관찰되는 경우도 종종 있습니다. 부인께서 왜 이런 분비샘들이 있는지 여전히 궁금하시다면 이렇게 대답할 수 있을 것 같군요. 자연은 이 분비샘을 도구 삼아 식물계와 동물계를 결합하여 서로 순환하게 한다고 말입니다. 하지만 조금 성급해 보이는 이 이야기는 일단 접어둡시다. 지금은 우리의 식물과로 돌아가도록 하지요.

지금까지 부인께 설명드린 꽃들은 전부 꽃잎이 여러 장인 다판多瓣꽃 식물이었습니다. 규칙적인 단판單瓣꽃 식물들이 구조가 훨씬 단순하니 그것부터 설명 드리는 방법

도 있었겠지요. 그러나 그렇게 하지 않은 것은 바로 그 단순성 때문이기도 합니다. 규칙적인 단판꽃 식물들은 어느 하나의 과를 구성한다기보다는 서로 다른 여러 과의 식물이 두루 속한 커다란 국가를 이루기 때문입니다. 그리하여 단판꽃 식물들 전체를 하나의 공통된 이름 아래 두고 이해하기 위해서는 지나치게 일반적이고 모호한 특징을 이용할 수밖에 없는데, 제게는 이러한 방식이 무언가 말하면서도 실제로는 아무것도 말하지 않는 것과 같아 보입니다. 범위를 보다 좁게 한정하는 편이 나을 듯합니다. 그래야 설명도 보다 정확하고 자세해질 테니까요.

불규칙적인 단판꽃 식물 중에는 그 외관이 매우 특이해서 생김새만 보고서도 어느 과에 속했는지 쉽게 구별해낼 수 있는 것들이 있습니다. 바로 우리가 주둥이꽃이라고 부르는 과에 속한 식물들입니다. 꽃이 두 개의 입술처럼 가운데가 갈라져 있어서 벌린 주둥이처럼 보인다 하여 그런 이름이 붙었지요. 두 입술 사이의 틈은 자연적으로 나 있는 경우도 있지만, 손가락으로 살짝 힘을 주어야 볼 수 있는 경우도 있습니다. 이 과의 식물들은 두 계열로 세분화됩니다. 하나는 입술 모양꽃 또는 순형脣形 꽃부리(라비에)라고 하며, 다른 하나는 가면 모양꽃 또는 가면형假面形 꽃부리(페르소네)라고 합니다. 라틴어로 페르소나persona는 가면을 뜻하니 인간personne의 가면을 쓰고 살아가는 자들에게도 이는 틀림없이 매우 적당한 이름일 것입니다. 이 과에 속한 식물들은 한 장의 꽃부리를 갖는다는 특징을 공유합니다. 이미 말했듯 가운데가 갈라진 두 개의 입술 모양으로요. 이 중 위쪽 입술은 투구라고 부르고, 아래쪽 입술은 턱수염이라고 부르지요.

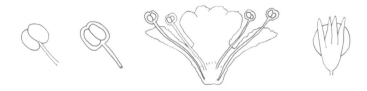

그뿐만이 아닙니다. 한 쌍은 길고 한 쌍은 짧은 네 개의 수술이 거의 같은 높이를 이루도록 자리 잡는 특징도 있습니다. 나중에 실물을 직접 조사해보면 이렇게 글로만 읽을 때보다 더 분명하게 이해할 수 있을 것입니다.

먼저 순형꽃부리부터 살펴봅시다. 즐거운 마음으로 샐비어의 사례를 들 수 있겠지요. 거의 모든 정원에서 쉽게 찾아볼 수 있는 꽃이니까요. 하지만 샐비어는 수술의 구조가 매우 특이하고 기묘해서 일부 식물학자들은 그것을 순형꽃부리에서 제외시키기도 합니다. 자연이 그 일원으로 포함해둔 것처럼 보임에도 말입니다. 그러니 저도 쐐기풀 종류에서 다른 예를 찾아보도록 하겠습니다. 사람들이 흔히들 광대수염(흰쐐기풀)이라고 부르는 종을 살펴보도록 하지요. 식물학자들은 이것을 흰 라미움lamier blanc이라 부르는데, 여러 면에서 쐐기풀과 유사한 잎을 갖고 있지만 결실을 맺는 방식은 전혀 다르기 때문입니다. 지천에서 자라는 광대수염은 그 꽃도 오래 가는 편이니 부인께서도 어렵지 않게 찾아보실 수 있을 것입니다. 광대수염꽃이 얼마나 우아한 자태로 피어 있는지 길게 이야기할 수도 있겠지만, 여기서는 그 구조에만 주목하기로 하지요. 광대수염은 순형꽃부리의 단판꽃, 즉 한 장의 꽃잎으로 이루어진 입술 모양의 꽃을 피웁니다. 꽃의 위쪽 투구 부분은 오목하게 둥근 천장 모양으로 굽어 있어 꽃의 나머지 부분을 덮고 있지요. 특히, 촘촘하게 붙어 있는 네 개의 수술들이 이 지붕 아래를 자신의 피난처로 삼고 있습니다. 부인은 길이가 더 긴 한 쌍의 수술들과 길이가 짧은 다른 한 쌍의 수술들을 쉽게 구별할 수 있을 것입니다. 이 네 개의 수술 가운데 암술이 있습니다. 암술의 색은 수술의 색과 동일하지만, 끝이 둘로 갈라져 있어 머리에 꽃밥을 달고 있는 수술과 잘 구별됩니다. 꽃의 아랫입술, 즉 수염 부분은 구부러진 모양으로 아래를 향해 늘어뜨려져 있어서 우리는 그 틈으로 꽃부리의 거의 안쪽 바닥까지 살펴볼 수 있습니다. 광대수염꽃의 경우에는 이 수염 부

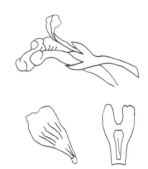

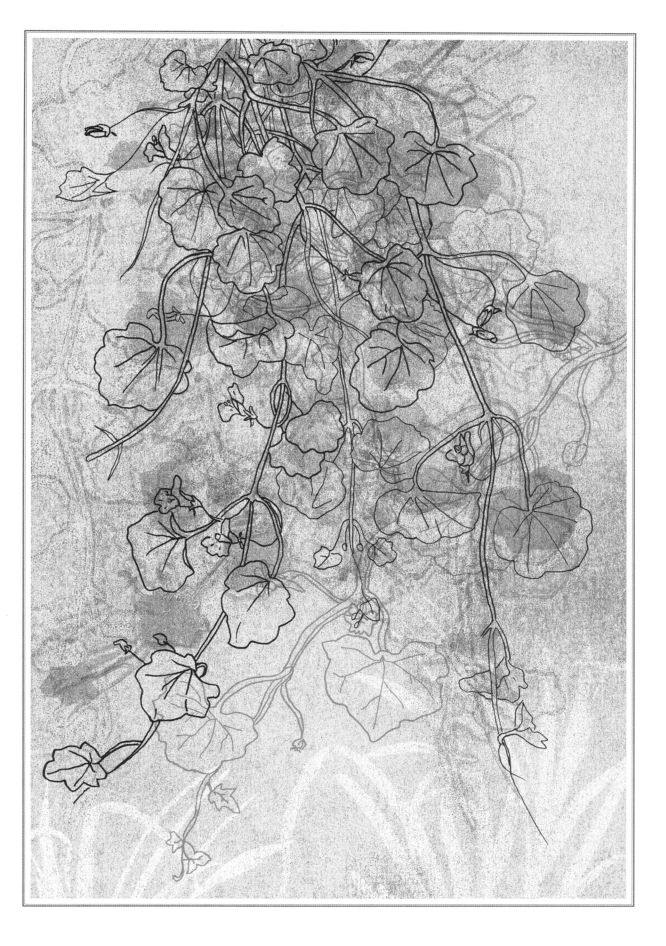

분의 꽃잎이 가운데에서 세로로 길게 갈라져 있는데, 다른 순형꽃부리 꽃들에서는 그러한 특성이 나타나지 않습니다.

광대수염꽃의 꽃부리를 떼어내면 네 개의 수술도 같이 떨어지게 됩니다. 수술의 실가닥이 꽃받기가 아닌 꽃부리에 붙어 있기 때문입니다. 그래서 꽃받기에 붙어 있는 암술만 남아 있게 되지요. 다른 꽃들에서 수술들이 어떻게 붙어 있는지 조사해보면, 단판꽃의 경우 보통 수술이 꽃부리에 붙어 있고, 다판꽃의 경우 꽃받기나 꽃받침에 붙어 있음을 알 수 있습니다. 그리하여 다판꽃의 경우 꽃잎을 떼어내도 수술은 그대로 남아 있는 것입니다. 이러한 관찰에서부터 우리는 훌륭한 규칙, 쉬우면서도 확실한 규칙 하나를 이끌어낼 수 있습니다. 꽃부리를 이루는 꽃잎이 한 장인지 여러 장인지 바로 확신하기 어려울 때가 간혹 있는데, 그럴 때 활용하면 좋을 것입니다.

떼어낸 꽃부리의 바닥 부분에는 작은 구멍이 있습니다. 꽃부리는 꽃받기에 붙어 있는데, 그 원형의 틈으로 암술과 암술을 둘러싸고 있는 것들이 꽃부리의 관 안으로 들어갈 수 있게 되는 것이지요. 광대수염을 비롯하여 모든 순형꽃부리 식물들의 암술은 네 개의 씨눈으로 둘러싸여 있습니다. 이 씨눈들이 각각 네 개의 씨앗이 되는데, 이 씨앗은 외피에 싸여 있지 않은 상태 그대로 노출됩니다. 그리하여 씨앗이 무르익으면 스스로 떨어져나와 각각 땅 위에 떨어지게 되지요. 이것이 순형꽃부리의 특징입니다.

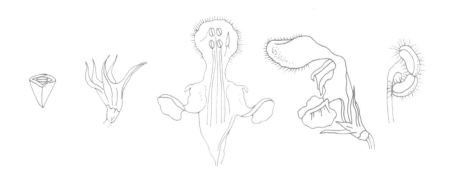

주둥이꽃과에 속하는 다른 계열, 즉 가면형꽃부리 계열의 식물이 순형꽃부리와 구별되는 지점은 우선 꽃부리의 모양입니다. 꽃부리를 이루는 두 개의 입술에 틈이 있거나 벌어져 있는 순형꽃부리와 달리, 가면형꽃부리의 경우에는 입술이 오므린 채 닫혀 있습니다. 정원에서 금어초 혹은 소콧방울꽃이라고 불리는 꽃을 찾아보면 확인할 수 있을 것입니다. 정원에 금어초가 없다면 가는잎해란초를 찾아보시지요. 이맘때 들판에는 박차를 단 모양의 이 노란 꽃이 지천에 피어 있을 테니까요. 하지만 가면형꽃부리를 순형꽃부리와 구별하는 보다 정확하고 확실한 특징은 따로 있습니다. 순형꽃부리 식물의 씨앗 네 개가 꽃받침의 바닥 부분에 외피 없이 노출되어 있는 것과 달리, 가면형꽃부리 식물은 씨앗이 전부 캡슐에 싸여 있습니다. 그래서 완전히 무르익어 캡슐이 열린 뒤에야 씨앗을 흩뿌릴 수 있게 됩니다. 여기다 세 번째 특징을 덧붙이겠습니다. 순형꽃부리 식물들은 대체로 향을 발합니다. 이들 중 마조람, 꽃박하, 백리향, 야생 백리향, 바질, 박하, 히숍, 라벤더와 같은 식물들은 좋은 향을 내지만, 쐐기풀에 속한 여러 종들이나 스타키스, 시데리티스, 마루비움Marrubium 같은 식물들은 고약한 냄새를 풍깁니다. 금란초, 꿀풀, 골무꽃 정도만 향이 없지요. 그러나 가면형꽃부리 식물들은 대부분 향이 없습니다. 금어초, 가는잎해란초, 좁쌀풀, 송이풀, 맨드라미, 초종용, 해란초, 리나리아(애기금어초), 디기탈리스처럼 말입니다. 제가 아는 한 이 그룹에서 향이 나는 것은 현삼 정도입니다. 향기롭기보다 악취에 가깝지요.

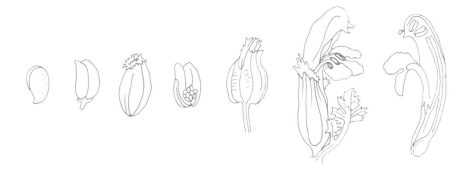

여기서 제가 예로 든 식물들에 대해 부인은 아직 속속들이 알지는 못할 것입니다. 하지만 조금씩 배워나가며 익숙해지게 될 테지요. 부인이 이 식물들과 마주치게 된다면, 최소한 무슨 과에 속하는지는 스스로 알아낼 수 있을 것입니다. 저는 식물의 외관을 보고 어느 계열에 속하는지 맞춰보시길 권합니다. 주둥이꽃과에 속한 식물들을 보고 그것이 순형꽃부리인지 가면형꽃부리인지 눈으로 판단하는 훈련을 해보는 것입니다. 꽃부리의 외형만으로도 충분한 길잡이가 되어줄 것입니다. 그런 뒤에 꽃부리를 떼어내 꽃받침의 바닥을 살펴보며 답이 옳은지 확인해볼 수 있을 테고요. 부인의 판단이 옳았다면, 순형꽃부리라고 알아본 꽃은 네 개의 씨앗이 외피 없이 노출되어 있을 것이고, 가면형꽃부리라고 생각한 꽃은 과피를 지니고 있을 테니까요. 만약 그 반대라면 부인이 잘못 생각한 것이겠지요. 하지만 그 식물을 한 번 더 살펴본다면 다음번에 똑같은 실수를 하는 일을 막을 수 있을 것입니다. 친애하는 벗이여, 당분간 산책하며 하실 일이 생겼네요. 차후의 산책에서 하실 일들도 지체하지 않고 마련해드리도록 하겠습니다.

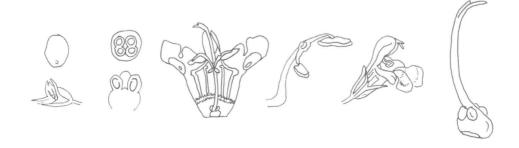

다섯 번째 편지

십자화과 꽃의 분비샘을 찾아내지 못했다고 들었습니다. 소중한 부인, 그렇다고 너무 상심하지는 마세요. 훌륭한 눈을 지닌 위대한 식물학자들이라고 해서 사정이 더 나았던 것은 아니니까요. 투른포르 같은 이만 해도 그에 대해 아무런 언급도 남기지 않았답니다. 실제로 십자화과에 속한 식물속屬 중 분비샘이 뚜렷하게 드러나 있는 경우는 잘 없습니다. 대부분 흔적으로만 관찰되지요. 사람들은 오랜 기간에 걸쳐 십자가 모양의 꽃들을 분석하여 꽃받기에 고르지 못한 굴곡이 있다는 것을 알아냈습니다. 그런 발견 덕분에 그쪽을 좀 더 자세하게 살펴볼 수 있었고, 그제야 대다수의 십자화과 식물들에 분비샘이 있다는 것을 발견했지요. 분비샘을 직접 분간할 수 없는 경우에는 유추로 그 존재를 가정하는 것이고요.

부인, 저도 이해합니다. 이름이 무엇인지도 모르고서 식물을 관찰하는 수고를 감수하는 일은 꽤 짜증스럽지요. 하지만 부인을 위해 그 작은 고역을 덜어드리는 일이 제 계획에는 포함되어 있지 않음을 고백해야겠네요. 그것이 옳다고 믿기 때문입니다. 사람들은 식물학이 단어의 과학에 불과하다고 생각하는 경향이 있습니다. 식물학은 식물의 명칭을 알려주고 기억을 활용하여 그것을 암기하도록 가르치는 학문이라는 것이지요. 제 생각은 다릅니다. 제가 아는 한 단어의 과학에 지나지 않는 합리적인 연구란 존재하지 않습니다. 부인께 여쭙겠습니다. 제가 둘 중 어떤 이에게 식물학자라는 이름을 붙여야 할까요? 식물을 본 후에 그 구조에 대해서는 아무것도 모른 채 어디선가 들은 이름이나 설명만 주워섬기는 사람이겠습니까, 이름은 몰라도 구조에 대해서만큼은 아주 잘 알고 있는 사람이겠습니까? 그 이름도 이 지역 저 지역에서 임의로 붙인 것인데 말입니다.

자녀들에게 즐거운 일거리만 주려 한다면 우리의 목표 중 보다 훌륭한 나머지 절반은 놓칠 것입니다. 우리의 목표는 아이들에게 즐거운 일거리를 주면서도, 나아가 지성을 발휘하게 하고 사물에 주의를 기울이는 데 익숙해지게 하는 것이니까요. 눈앞에 있는 식물의 이름이 무엇인지 아이들에게 가르치기 전에 그것을 보는 법부터 가르치도록 합시다. 이러한 과학이 아이들 교육에서 가장 중요한 부분을 차지하게 해야 합니다. 비록 교육이라고 하는 것들이 전부 이를 망각해버렸지만 말입니다. 이는 아무리 강조해도 지나치지 않습니다. 아이들이 말에만 만족하는 일이 없도록 가르쳐야 합니다. 암기만 한 것은 아무것도 모르는 것이라 믿게 해야 합니다.

그렇다고 부인을 너무 고생시켜서는 안 되겠지요. 부인이 직접 보면서 설명을 확인하기 좋은 식물들의 이름은 알려드리겠습니다. 부인께서는 제가 순형꽃부리에 대해 분석한 것을 읽으시면서 광대수염을 같이 놓고 보지는 않으셨지요? 근처 약초상에 사람을 보내서 갓 채취한 광대수염을 구해오기만 하면 됩니다. 그런 후 꽃에 제 설명을 대입해보고, 차후에 다룰 방식대로 식물의 다른 부분들도 살펴보십시오. 그렇게 한다면 부인은 이 광대수염에 대해서 꽃을 판매한 약초상이 평생 배워 알게 될 것보다 훨씬 더 나은 지식을 얻을 것입니다. 우리는 머지않아 약초상의 도움도 필요로 하지 않게 되겠지요. 하지만 우선은 식물의 과에 대한 조사부터 마무리해야겠습니다. 그러니 다섯 번째 식물 이야기로 넘어가도록 하지요. 요즘 한창 결실기에 있는 식물입니다.

다음과 같은 식물을 한번 상상해보도록 합시다. 상당히 곧고 길쭉한 줄기가 있습니다. 보통 자잘한 톱니 모양을 한 이파리들이 줄기의 양쪽에 번갈아 나 있지요. 잎겨드랑이에서는 가지가 뻗어나 있고, 잎의 아래쪽 부분이 그 가지를 감쌉니다. 그리고 줄기의 위쪽 끝부분을 중심으로 여러 잔가지가 우산살처럼 방사형으로 원을 그리며 규

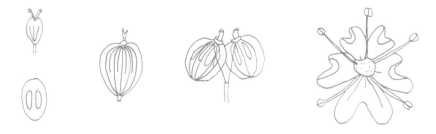

칙적으로 뻗어 있습니다. 주둥이가 넓은 꽃병의 형태로 줄기를 왕관처럼 덮고 있지요.

방사형의 살들이 중심부에 빈 공간을 남겨두는 경우에는 특히 빈 화병과 똑같은 모습을 보여줍니다. 어떤 경우에는 이 중심부에 비교적 길이가 짧은 다른 방사형의 살들이 자리를 차지하기도 하는데, 비교적 덜 비스듬하게 뻗어 있는 이 짧은 살들은 화병 부분을 채우면서 먼젓번의 방사형 살들과 함께 위쪽으로 볼록한 반구 형태를 이룹니다.

그런데 이 방사형의 살들 또는 잔가지들의 끝에 꽃이 바로 달려 있는 것은 아닙니다. 더 작은 다른 살들이 동일한 질서를 이루며 먼젓번의 살들 각각을 왕관처럼 덮고 있지요. 먼젓번의 살들이 줄기를 덮었던 것과 정학히 일치하는 모습으로 말입니다. 그러므로 동일하게 이어지는 두 개의 질서가 있는 셈입니다. 하나는 줄기 끝에 달린 커다란 방사형의 살들이 이루는 질서이고, 다른 하나는 이 커다란 살들의 끝에 각각 붙어 있는 짧은 방사형 살들이 이루는 비슷한 다른 질서이지요.

이 작은 우산을 이루는 살들은 더 이상 분기되지 않고, 우리가 곧 다룰 작은 꽃이 달리는 꽃자루의 역할을 하게 됩니다.

지금까지 제가 묘사한 형태를 상상하여 머릿속에 그려볼 수 있으시다면, 부인은 산형화과(繖形花科, la famille des ombellifères)(라틴어 학명 Umbelliferae) 식물의 꽃이 어떻게 배열되는지 알게 되신 것입니다. 라틴어 단어 umbella는 우산을 뜻하지요.

결실의 배열이 이렇게 규칙적으로 나타난다는 것은 확실히 매우 인상적입니다. 이는 모든 산형화과 식물들에서 한결같지요. 하지만 그렇다고 해서 이것이 산형화과 식물의 본질적인 특징이라고 할 수는 없습니다. 본질적인 특징은 꽃의 구조 자체에 있습니다. 이제 그에 대해 설명드려야겠지요.

하지만 보다 명확한 설명을 위해서는, 먼저 꽃과 열매가 배치된 방식에 따라 식물을 구분하는 법을 알려드리는 게 좋을 듯합니다. 여러 식물 분류체계 중 어떤 것을 선택하든 상관없이 이 구분법은 식물을 질서 있게 정리하는 데 매우 유용할 것입니다.

대다수의 식물들은 꽃부리가 씨방 전체를 감싸고 있습니다. 패랭이꽃이 그 예입니다. 이러한 식물들에 '하위 꽃'이라는 이름을 붙이기로 합시다. 씨방의 아래쪽에서 돋아난 꽃잎들이 씨방을 감싸는 모양을 하고 있으니까요.

역시 상당한 수를 차지하는 다른 식물들의 경우에는 씨방이 꽃잎 속이 아니라 그 아래쪽에 있습니다. 이런 모습은 장미에서 확인할 수 있지요. 장미의 열매인 녹색의 둥근 로즈힙은 꽃받침 아래, 그러니까 꽃부리 아래쪽에 자리 잡고 있습니다. 그리하여 꽃부리는 씨방을 감싸는 것이 아니라 위에서 덮는 형태를 띱니다. 이러한 식물들에는 '상위 꽃'이라는 이름을 붙이도록 하지요. 꽃부리가 열매의 위쪽에 위치하니까요. 사실 이보다 평이한 프랑스어 단어로 이름을 붙일 수도 있을 거예요. 그렇지만 가능한 한 식물학에서 통용되는 용어에 친숙해지시는 것이 유리하리라 생각합니다. 그래야 라틴어나 그리스어를 배우지 않고서도 웬만큼 이 학문의 어휘들을 이해할 수 있을 테니까요. 현학적이기 그지없지만, 식물학은 라틴어와 그리스어에서 어휘를 따온답니다. 식물을 잘 알기 위해서는 먼저 유식한 문법학자가 되어야 한다는 듯이 말이지요.

투른포르는 다른 용어를 사용하여 이와 동일한 분류를 표현하기도 했습니다. 그에 따르면 하위 꽃은 암술이 열매가 되는 꽃이며, 상위 꽃은 꽃받침이 열매가 되는 꽃입니다. 명쾌한 설명방식이긴 합니다만, 정확하다고 볼 수는 없어요. 하지만 투른포르의 이 설명은 때가 되어 어린 제자들에게 동일한 개념을 전혀 다른 용어로 말할 수 있다는 것을 가르칠 기회로 삼을 수 있을 것입니다.

이제 산형화과 식물이 어디에 속하는지 말씀드려야겠지요. 산형화과의 꽃은 상위 꽃으로, 꽃이 열매 위에 위치합니다. 꽃부리는 규칙적인 다섯 개의 꽃잎으로 이루어져 있지요. 간혹 꽃차례*의 가장자리 부분에 핀 꽃에서 바깥쪽을 향해 나 있는 두 장의 꽃잎이 다른 세 장의 꽃잎보다 크기가 큰 경우가 있기도 합니다.

* 꽃이 줄기나 가지에 붙어 있는 상태를 뜻한다.

꽃잎의 형태는 속屬에 따라 다릅니다만, 대체로 하트 모양입니다. 씨방의 바로 위에 있는 꽃잎의 발톱 부분은 몹시 가느다랗지만, 꽃잎은 점점 넓어지다가 위쪽 가장자리에서는 V자형으로 오목한 모양을 합니다. 꽃잎의 끝이 뾰족한 경우도 있습니다. 윗부분이 접혀 있어 오목하게 보이지만, 펼쳐 놓으면 뾰족하다는 것을 알 수 있지요.

꽃잎들 사이 사이에는 수술이 있습니다. 보통 수술의 꽃밥은 꽃부리 바깥으로 나와 있어서 꽃잎보다 수술이 눈에 더 잘 띕니다. 꽃받침에 대해서는 언급하지 않아도 될 것 같습니다. 산형화과 식물들에서는 꽃받침이 두드러지지 않으니까요.

산형화과 식물의 열매는 대체로 길쭉한 타원형을 합니다. 열매가 완전히 익으면 반쯤 열리면서 씨가 두 개로 쪼개지지요. 이때 씨는 외피에 둘러싸여 있지 않은 상태로 노출되어 있으며, 가느다란 가지에 붙어 있습니다. 이 가지도 열매와 마찬가지로 두 갈래로 갈라지는데, 그 솜씨가 참으로 놀랍습니다. 그리하여 씨앗들은 무르익어 떨어질 때까지 두 가지에 각각 매달려 있게 됩니다.

꽃의 크기는 어떤 속에 속하는지에 따라 다양하지만, 전체적인 구조는 대체로 이와 같습니다. 이렇게 작은 꽃을 돋보기 없이 속속들이 구별하려면 매우 주의력 좋은 눈이 필요하다고 인정하지 않을 수 없겠네요. 하지만 집중할 만한 가치가 있으니, 공들인 것을 후회하는 일은 없으리라 생각합니다. 여기까지가 산형화과 식물의 고유한 특징

들입니다. 즉 상위꽃부리, 다섯 개의 꽃잎과 다섯 개의 수술, 두 개의 외피 없는 씨앗이 나란히 붙어 있는 하나의 열매, 그리고 그 위에 난 두 개의 수술이 그것입니다.

결실기에 있는 식물이 이 모든 특징을 고루 갖추고 있다면, 그것은 산형화과 식물이라고 생각하시면 됩니다. 앞서 이야기한 바대로 우산 형태의 질서로 배열되어 있지 않더라도 말입니다. 반대로 우산 형태의 질서와 꼭 맞게 배열되어 있는 것처럼 보인다 해도 꽃의 특징이 다르게 나타난다면 부인의 관찰에 실수가 있었다고 생각하십시오.

예를 들어 제 편지를 다 읽은 후 산책을 하다가 아직 꽃이 지지 않은 딱총나무를 발견했다고 칩시다. 부인께서 첫눈에 "이게 산형화과 식물이구나!"라고 말할 거라고 저는 거의 확신합니다. 자세히 들여다보면 커다란 산형꽃차례와 작은 산형꽃차례, 작은 하얀 꽃, 상위꽃부리, 다섯 개의 수술도 발견할 것입니다. 여기까지만 해도 확실히 산형화과라고 할 만합니다. 하지만 더 자세히 들여다보도록 합시다. 제가 꽃을 한번 살펴보도록 하지요.

우선, 꽃잎 다섯 장 대신 다섯 갈래로 갈라진 꽃부리가 보이는군요. 분명 다섯 갈래이긴 하지만 전체가 한 장의 꽃잎입니다. 그런데 산형화과는 단판꽃 식물이 아닙니다. 여기 수술 다섯 개가 있긴 합니다. 하지만 암술대가 보이지 않는군요. 게다가 어떻

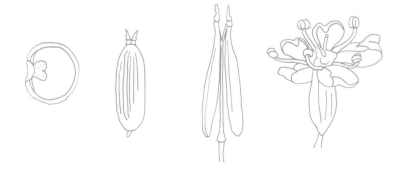

게 보아도 암술머리가 두 개가 아니라 세 개, 씨앗도 두 개가 아니라 세 개입니다. 그런데 산형화과의 암술머리는 더도 덜도 아닌 두 개여야만 합니다. 꽃에는 더도 덜도 아닌 두 개의 씨앗이 있어야만 하고요. 마지막으로, 딱총나무 열매는 물렁한 장과입니다. 산형화과의 열매는 딱딱하고 껍질로 싸여 있지도 않지요. 그러므로 딱총나무는 산형화과 식물이 아닌 것입니다.

　그럼 다시 돌아가서 꽃이 배열된 형태를 좀 더 면밀하게 살펴보도록 합시다. 그 배열이 산형화과와 유사한 것은 언뜻 보았을 때만 그렇다는 것을 알 수 있습니다. 큰 살들을 봅시다. 산형화과와 달리 중심부에서 뻗어나와 있지 않고 어떤 것은 위쪽에, 어떤 것은 아래쪽에 나 있습니다. 작은 살들은 훨씬 더 불규칙적입니다. 산형화과 식물의 배열 질서에 변칙이 없는 것과는 전혀 다르지요. 딱총나무꽃이 배열된 방식은 산형繖形이라기보다는 산방繖房, 즉 각기 다발을 이루는 쪽이라고 보아야 합니다. 자, 우리는 이렇게 실수를 통해서 더 잘 보는 법을 배우기도 하는 것입니다.

　에린지움은 이 반대의 경우입니다. 산형화과로 생각하기 어려운 외관을 지니고 있지만 그럼에도 산형화과에 속하는 식물이지요. 결실을 담당하는 부분이 산형화과 식물이 지닌 모든 특징을 갖고 있기 때문입니다. 에린지움을 어디서 찾을 수 있냐고요? 들판 어디에나 있답니다. 들판에 난 널찍한 길 좌우로는 온통 에린지움의 카펫이 깔려

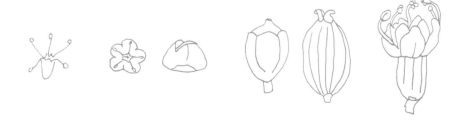

있지요. 길에서 마주친 농부 아무에게나 물어보아도 쉽게 가르쳐줄 거예요. 하지만 누가 일러주지 않아도 찾는 데 큰 어려움은 없을 것입니다. 이파리가 푸르스름하거나 바다색을 띠고 있고, 단단한 가시가 나 있으며, 양피지처럼 반들반들한 가죽 질감의 식물을 찾으면 됩니다. 하지만 다루기 힘든 식물인 만큼 논외로 해도 될 것 같습니다. 상처를 입을 위험을 감수하고서 관찰할 만큼 아름답지는 않으니까요. 설령 에린지움이 지금보다 백 배는 더 아름답다 해도, 내 소중한 부인의 섬세한 손가락이라면 그런 심술궂은 식물을 만지려다가도 금세 주춤하게 될 것입니다.

산형화과를 이루는 식물들은 그 수가 많은 데다 매우 자연발생적이어서 하위의 속들을 서로 구별해내기가 아주 어렵습니다. 형제가 너무 닮으면 누가 누구인지 착각하기도 하는 것처럼요. 그래서 사람들은 구별에 도움이 될 만한 원칙 몇 가지를 고안해내기도 했지요. 꽤 쓸 만한 원칙이지만, 그렇다고 지나치게 신뢰하지는 마세요. 큰 꽃차례, 작은 꽃차례 할 것 없이 방사형의 살들이 뻗어나가는 중심부가 언제나 감싸는 막 없이 노출되어 있는 것은 아닙니다. 간혹 소매의 주름 장식 같은 작은 이파리로 감싸여 있기도 하지요. 사람들은 이 이파리에 전부 감싼다는 의미의 '총포(總苞, involucre)'라는 이름을 붙였습니다. 큰 꽃차례에 있는 주름장식은 큰 총포라고 하고, 작은 꽃차례를 둘러싸고 있는 주름 장식은 작은 총포라고 하지요. 그리하여 산형화과 식물은 다음과 같이 세 가지로 분류할 수 있습니다.

1. 큰 총포와 작은 총포를 모두 가진 경우
2. 작은 총포만 가진 경우
3. 큰 총포와 작은 총포 전부 없는 경우

부인께서는 큰 총포만 있고 작은 총포는 없는 네 번째 경우가 빠져 있다고 생각하시겠지요? 하지만 여기 해당하는 속은 아직 발견된 적이 없답니다.

친애하는 부인, 부인의 놀라운 발전 속도와 끈기에 고무된 나머지 제가 너무 나간 것은 아닌지 염려가 됩니다. 부인께서 고생하실 것은 생각하지도 않고 직접 보면서 참고할 표본도 없이 줄곧 설명만 해댔으니 말입니다. 이런 식이라면 그 누구라 해도 집중력이 떨어진다고 느낄 수밖에 없을 것입니다. 그렇지만 부인께서는 글 읽는 법을 아는 분이시지요. 제 편지를 한두 번 읽고 나면, 만개한 산형화과 식물이 눈앞에 나타났을 때 그것이 부인의 지성을 피해가는 일은 없으리라 감히 추측합니다. 게다가 요즘 같은 계절에 정원이나 들판에서 산형화과 꽃을 찾는 것은 일도 아니니까요.

산형화과 식물들의 꽃은 대체로 하얀색입니다. 당근, 처빌, 파슬리, 독당근, 안젤리카, 어수리, 여뀌, 참나물, 캐러웨이나 살구버섯, 록샘파이어 등이 그렇지요.

회향, 딜, 설탕당근처럼 노란 꽃인 경우도 있습니다. 아주 드물게 불그스름한 꽃이 있기도 하지만, 그 외에 다른 색깔의 꽃은 없습니다.

부인께서는 이렇게 말씀하실지도 모르겠습니다. "산형화과에 대한 전반적인 설명은 잘 들었어요. 하지만 이렇게 모호한 지식으로 위험한 독당근을 처빌이나 파슬리와 혼동하지 않으리라고 어떻게 보장하지요? 당신이 방금 나열한 목록에는 다 같이 들어 있군요. 아무리 하급 요리사라도 이 모든 학설로 무장한 우리보다 잘 알 것 같은데 말이에요." 맞습니다. 하지만 우리가 너무 세세한 관찰에서부터 시작한다면 금세 그 양에 압도당하여 기억력이 감당할 수 없는 지경에 이를 것이며, 이 거대한 왕국에 첫발을 내딛자마자 길을 잃어버리고 말 것입니다. 하지만 주요 도로를 알아보는 것부터 시작한다면, 어디서든 큰 문제 없이 길을 찾을 수 있을 것입니다. 그렇지만 그 유익함을 고려하여 예외를 두는 것도 괜찮을 것입니다. 식물계를 분석하면서 무지 때문에 독당근 오믈렛을 먹는 일은 피해야 할 테니까요.

정원에서 볼 수 있는 작은 독당근은 파슬리나 처빌처럼 산형화과 식물입니다. 그들처럼 하얀색 꽃을 피우고*, 처빌과 마찬가지로 큰 총포는 없고 작은 총포만 있는 그룹에 속합니다. 잎 모양도 비슷해서 글만 읽고서는 차이점을 알아보기가 쉽지 않지요. 하지만 아래 특징들만 잘 알아두면 실수를 피할 수 있을 것입니다. 먼저 이 식물들이 꽃을 피웠을 때 살펴보는 것에서 출발해야 합니다. 독당근은 개화 상태일 때 자기만의 고유한 특징을 드러내기 때문입니다. 각각의 작은 꽃차례 아래 받침 모양의 이파리 세 개로 이루어진 작은 총포가 있습니다. 이 이파리들은 상당히 길쭉한 뾰족 모양으로 바깥쪽으로 늘어져 있습니다. 반면, 처빌은 이 이파리들이 작은 꽃차례를 둘러싸면서 그와 같은 방향을 향하고 있지요. 파슬리의 경우는 머리카락처럼 가늘어서 간신히 눈에 띄는 정도지만 받침 모양의 이파리들이 있긴 합니다. 연한 빛을 띠는 가느다란 꽃차례들 주위로 다소 제멋대로 나 있는데, 이 경우에는 큰 꽃차례와 작은 꽃차례 모두에서 발견됩니다.

꽃이 핀 독당근이 맞다는 생각이 들면, 잎을 살짝 구겨 냄새를 맡아보세요. 그러면 확신할 수 있습니다. 독당근 잎에서는 유독성의 고약한 냄새가 나니까요. 그러니 좋은 향기가 나는 파슬리나 처빌과 혼동하는 일은 없으리라 생각합니다. 물론 오해하는 일이 없으려면 세 식물 모두를 묶어서도 살펴보고 따로도 살펴봐야 할 것입니다. 성장의 모든 단계에 걸쳐 식물을 구성하는 모든 부분을 말이죠. 꽃은 질 수도 있지만 잎은 떨어지지 않으니 특히 잎을 잘 관찰하세요. 한눈에 확실히 알아볼 수 있을 때까지 반복해

---

* 파슬리꽃은 약간 노르스름한 빛을 띤다. 하지만 산형화과에 속하는 식물의 꽃이 노랗게 보이는 것은 씨방과 꽃밥 때문이며, 그런 경우에도 꽃잎 색은 하얀색이다.(프랑스어판 편집자주)

서 비교하며 관찰하다 보면 부인께서도 자신 있게 독당근인지 확인할 수 있게 될 것입니다. 이처럼 연구는 실천으로 이어지는 문으로 우리를 인도합니다. 그때가 되면 이제 실천이 지식으로부터 유용성을 이끌어내겠지요.

사랑하는 부인, 이제 한숨 돌리시길 바랍니다. 진력이 날 만큼 긴 편지를 써버렸네요. 하지만 다음 편지에서 더 신중하게 처신할 것이라고는 감히 약속드리지 못하겠습니다. 그러나 이 고생을 다 거치고 나면 우리 앞에 꽃이 만발한 길이 기다리고 있을 것입니다. 덤불이 무성한 이 험한 길을 가시에도 아랑곳하지 않고 따라와주어 고마워요. 다정하고 한결같은 부인께 왕관을 바칩니다.

여섯 번째 편지

복합화에 대하여 • 1773년 5월 2일

친애하는 벗이여, 지금까지 공부한 다섯 가지 식물 과의 개념에 대해 여전히 궁금한 것이 남아 있으시겠지요. 게다가 제가 늘 우리의 꼬마 식물 애호가의 눈높이에 맞춰 설명할 수 있었던 것도 아니니까요. 하지만 몇 달간 식물을 채집해보셨을 테니 지금껏 알려드린 정보만으로도 각 식물 과의 외형에 대한 일반적인 특징에는 충분히 익숙해졌으리라 믿습니다. 이제 어떤 식물을 보고 이 다섯 가지 식물 과 중 어디에 속하는지 정도는 거의 짐작할 수 있으시겠지요. 결실의 모양을 분석하여 부인의 짐작이 옳은지 그른지도 확인할 수 있을 테고요.

산형화과 식물들의 경우 부인을 당황시켰습니다만, 설명에 덧붙인 정보들을 활용하기만 한다면 부인이 원할 때 언제든 난감함에서 벗어날 수 있을 겁니다. 당근과 파스닙은 매우 흔한 식물이니까요. 여름이라면 텃밭에서 그 꽃이 피어 있는 모습을 보기 어렵지 않으니 언제든 확인할 수 있고요. 그렇지만 산형꽃차례는 산형화과 식물을 이루는 워낙 확실한 특징이라서, 그 특징을 지닌 식물과 마주쳤을 때 첫눈에 실수하는 일은 거의 없을 것입니다. 자, 지금껏 제가 부인께서 해낼 수 있길 바라왔던 점이 바로 이런 것입니다. 성급하게 속이니 좋이니 하는 것들을 공부하자는 것이 아니니까요. 다시 한 번 말하지만, 식물들의 명명법을 앵무새처럼 읊는 법을 배우는 것이 중요한 게 아닙니다. 배워야 할 것은 현실의 과학입니다. 우리가 갈고 닦을 수 있는 가장 사랑스러운 학문 중 하나인 현실의 과학을 배우자는 것이지요. 그러니 보다 방법론적인 길을 택하기 전에, 우리의 여섯 번째 식물과로 먼저 넘어가기로 합시다. 이 식물과는 부인을 꽤 당황하게 할지도 모르겠습니다. 어쩌면 산형화과보다 더할지도 모르겠네요. 하지만 지금 제 목표는 일반적인 정보를 드리는 것에 국한되니 당장은 괜찮으시리라 생각합니다. 꽃이 만개하기까지 아직 시간도 많이 남았고, 이 시간을 잘 활용하면 부인께서 앞으로 맞닥뜨릴 수 있을 어려움을 완화시킬 것입니다. 벌써부터 너무 큰 난관과 씨름할 필요는 없지요.

이맘때면 목장을 온통 뒤덮고 있는 작은 꽃을 관찰해보도록 합시다. 이 꽃은 데이지 또는 작은 마가렛이라고 불리며, 짧게 줄여서 그냥 마가렛이라고 하기도 합니다. 자, 한번 잘 살펴볼까요? 꽃의 외형만 보셨다면 부인은 앞으로 제가 할 이야기에 몹시 놀랄 겁니다. 이렇게 작고 귀여운 꽃이 사실은 200~300개의 각기 다른 꽃들로 이루어져 있으니까요! 게다가 각각의 꽃들은 꽃부리, 싹, 암술, 수술, 씨앗 등 모든 요소를 완전히 갖추고 있습니다. 한마디로 히아신스나 백합처럼 완벽한 꽃이라는 것입니다. 왕관 모양으로 마가렛을 둘러싸고 있는 이 이파리들은 위쪽은 하얗고 아래쪽은 분홍인데, 기껏해야 작은 꽃잎처럼 보이는 이것이 실제로는 진짜 꽃인 것입니다.

그리고 한가운데에 있는 노란색의 작은 이파리 조각들이 보이시죠? 부인께서 처음에 수술이라고 생각해버릴 그 조각들도 사실은 진짜 꽃들이랍니다. 부인의 손가락이 식물학 해부에 이미 익숙해졌고 훌륭한 돋보기와 끈기까지 갖추었다면, 정말 그러한지 부인의 두 눈으로 직접 확인해보시라고 말할 수도 있을 것입니다. 하지만 부인만 괜찮다면 지금은 그냥 제 말을 믿으시는 것이 좋을 것 같습니다. 원자만큼이나 작은 부분에 주의를 기울이는 건 부인께 너무 피곤한 일이 될 테니까요. 그렇지만 탐구의 길에 올라서기 위해 왕관 모양을 이루고 있는 하얀 이파리 한 장을 떼어내도록 합시다. 처음에 부인은 이 이파리가 끝에서 끝까지 납작하게 이어져 있다고 생각하실 겁니다. 하지만 꽃에 붙어 있던 쪽의 이파리 끄트머리를 잘 들여다보시지요. 그쪽은 납작하지 않다는 게 보이실 것입니다. 둥그스름하게 속이 비어 있는 관의 형태를 하고 있으며, 이 관으로부터 두 개의 돌기가 달린 가느다란 실이 뻗어 있지요. 이 가느다란 실이

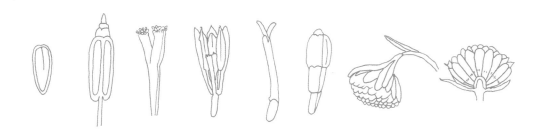

바로 이 작은 꽃의 암술대입니다. 그러니 이 꽃은 윗부분만 납작한 것입니다.

이제 꽃의 한가운데에 있는 노란색의 이파리 조각을 살펴보시지요. 이 조각들은 이미 말씀드렸듯 그 자체로 하나하나 꽃을 이루고 있습니다. 꽃이 충분히 피어 있는 상태라면 중심부를 둘러싸고 있는 조각들 여럿이 가운데가 열린 톱니 모양을 하고 있음을 보실 수 있을 것입니다. 이는 단판꽃의 꽃부리가 개화한 것입니다. 부인께서 돋보기를 이용한다면 암술뿐만 아니라 암술을 둘러싸고 있는 꽃밥도 쉽게 구별하실 수 있을 것입니다. 보통 가장 중심부에 있는 노란 꽃들은 아직 통통한 둥근 모양으로 구멍이 나 있지 않은 상태일 것입니다. 이 역시 마찬가지로 꽃들이지만, 아직 개화하지는 않은 것이지요. 가장자리에서부터 피기 시작하여 점차 중심부를 향해 가기 때문입니다. 이 정도면 부인께서는 하얀색이든 노란색이든 이 조각들이 모두 완벽한 꽃임을 눈으로 충분히 확인할 수 있을 것입니다. 이는 변치 않는 확고한 사실이지요. 그런데 이 작은 꽃들은 촘촘하게 모여서 모두에게 공통적인 하나의 꽃받침 속에 박혀 있습니다. 이 꽃받침이 바로 마가렛 전체의 꽃받침이지요. 마가렛 전체를 하나의 꽃으로 간주한다면 이러한 구조에 어울리는 명칭이 필요할 것입니다. 그리하여 우리는 이를 '복합화'라는 이름으로 부릅니다. 이렇게 마가렛처럼 같은 꽃받침을 공유하는 작은 꽃들이 모여 하나의 꽃을 이루는 경우는 수많은 종과 속에서 발견됩니다. 자, 제가 부인께 알려드리고자

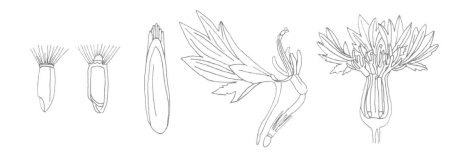

하는 여섯 번째 과의 식물이 바로 이 복합화입니다.

먼저 꽃이라는 단어의 모호함을 걷어내는 것에서 시작하도록 하지요. '꽃'이라는 명칭은 지금 우리가 다루는 과의 복합화 전체를 다루는 데 한정하여 쓰도록 합시다. 그리고 '작은꽃'이라는 이름은 복합화를 이루는 꽃들 하나하나를 가리키는 것으로 하지요. 하지만 그렇다고 해서 이 작은꽃들이 그 자체로 단어의 엄밀한 의미 그대로 진정한 꽃임을 잊어서는 안 됩니다.

부인께서는 마가렛에 두 종류의 작은꽃이 있음을 보셨지요. 꽃의 가운데 부분을 채우고 있는 노란색의 작은꽃들이 그 하나이고, 그것을 둘러싸고 있는 혀 모양의 가느다란 흰색 작은꽃들이 다른 하나입니다. 전자는 그 작은 모양이 은방울꽃이나 히아신스의 꽃과 꽤 비슷하고, 후자는 인동덩굴의 꽃과 유사합니다. 전자에게 작은꽃이라는 명칭을 남겨두고, 후자에는 '반작은꽃'이라는 이름을 붙여 서로 구별하는 게 좋겠습니다. 실제로 후자의 꽃들은 마치 한쪽 면이 뜯겨나가 혀 모양의 가느다란 부분만 남아서 꽃부리의 절반만 겨우 이루는 단판꽃처럼 보이기 때문입니다.

두 종류의 작은꽃들이 결합된 방식을 통해 우리는 복합과 식물들을 세 개의 하위 그룹으로 나눌 수 있습니다.

첫 번째 그룹은 중앙부와 가장자리 모두 혀 모양의 가느다란 작은꽃, 즉 반작은꽃으로만 이루어진 것들입니다. 우리는 이것을 '반꽃잎꽃'이라고 부릅니다. 이 그룹은 꽃 전체가 한 가지 색을 띠는데, 대체로 노란색일 때가 많습니다. 사자이빨dent-de-lion이라고도 하는 민들레가 여기 속합니다. 상추, 치커리(파란 꽃이지요), 쇠채, 선모 등도 있지요.

두 번째 그룹은 '작은꽃잎꽃'으로 작은꽃으로만 이루어진 것들입니다. 이들 역시 대체로 하나의 색을 띠고 있지요. 여기에는 보릿

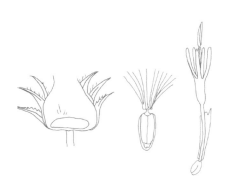

대국화, 우엉, 쓴쑥, 향쑥, 엉겅퀴, 아티초크의 꽃이 속해 있습니다. 이 중 아티초크는 엉겅퀴의 일종으로, 꽃이 형성되거나 개화하기 전 꽃눈 상태에 있는 꽃받침과 꽃받기를 식용으로 쓰기도 합니다. 사람들이 아티초크의 중심부에서 떼어내는 솜털이 달린 눈은 막 형성되기 시작한 작은꽃들의 결합체에 다름아니지요. 이 작은꽃들은 꽃받기에 나 있는 길다란 털을 통해 각기 서로 분리됩니다.

세 번째 그룹은 두 종류의 작은꽃들이 함께 있는 경우입니다. 이때 작은꽃들은 항상 꽃의 중심을 차지하고, 반작은꽃은 그 주변에 자리 잡고 있습니다. 앞서 살펴본 마가렛이 그랬던 것처럼 말입니다. 이 그룹의 꽃들은 두상화頭狀花, radiées라고 불립니다. 식물학자들은 복합화의 주변부가 혀 모양의 작은꽃, 즉 반작은꽃으로 이루어져 있을 때 이를 방사살ray이라 부릅니다. 작은꽃들이 자리하고 있는 꽃의 중심부 영역은 원반disque이라고 부르는데, 이 명칭은 작은꽃과 반작은꽃이 나 있는 꽃받기의 표면 전체를 칭할 때 사용되기도 합니다. 두상화는 방사살과 원반이 각기 다른 색을 띠고 있을 때가 많습니다. 하지만 둘이 같은 색을 띠고 있는 속이나 종 역시 발견됩니다.

이제 부인의 머릿속에 복합화의 개념을 명확히 정리해보도록 합시다. 요즘은 클로버가 한창 꽃을 피우는 계절입니다. 클로버는 자주색 꽃을 피우지요. 부인께서 클로버꽃 한 송이를 손에 넣게 되신다면, 수많은 작은꽃들이 모여 있는 것을 보고 그 전체를 복합화로 생각하고 싶은 마음이 드실 것입니다. 하지만 그것은 오해입니다. 왜 그럴까요? 복합화를 구성하기 위해서는 작은꽃들 여럿이 모여 있는 것만으로는 충분하지 않기 때문입니다. 그 이상이 필요합니다. 식물에서 결실을 담당하는 부분 한두 개가 작은꽃들 전체에 공통적이어야만 합니다. 다시 말해 작은꽃들 모두가 동일한 부분을 공유해야만 하며, 각기 따로 갖고 있어서는 안 됩니다. 여기서 공유해야만 하는 두 개의 부분이란 바로 꽃받침과 꽃받기입니다. 실제로 클로버꽃, 또는 더 정확히 클로버꽃들의 집합은 하나의 꽃받침에서 난 하나의 꽃처럼 보이기도 합니다. 하지만 꽃받침처럼 보이는 이것을 살짝 벌려 보세요. 부인은 그것이 꽃에 붙어 있는 것이 아니라 아래쪽에서 꽃을 지지하는 꽃자루에 속한다는 것을 보게 되실 것입니다. 그러니 꽃받침처럼 보이는 그것은 사실 전혀 꽃받침이 아닙니다. 꽃이 아니라 잎을 이루는 부분에 해당하지요. 우리가 꽃이라고 생각하는 이것은 실제로는 매우 작은 콩과 식물 꽃들의 집합입니다. 이 작은꽃들은 각자 꽃받침을 따로 갖고 있으며, 동일한 꽃자루에 붙어 있다는 사실을 제외하면 공유하고 있는 게 아무것도 없지요. 관행적으로 이들을 하나의 꽃으로 여기기는 하지만, 이는 잘못된 생각입니다. 이렇게 꽃이 모여 있는 다발을 굳이 하나의 꽃으로 간주해야겠다면, 복합화 대신 집합화 또는 꽃대가리라고 부르는 게 온당할 것입니다. 실제로 몇몇 식물학자들은 이러한 명칭을 사용하기도 하지요.

사랑하는 부인, 여기까지가 제가 복합화과 식물과 그 세 가지 하위 그룹에 대해 알려드릴 수 있는 가장 단순하고도 자연스러운 설명입니다. 어쩌면 복합화과 식물이라고 하기보다는 복합화로 아우를 수 있는 다양한 종류의 식물들이라고 하는 편이 나을지도 모르겠네요. 이제 이 부류의 식물이 지닌 특유한 결실 구조에 대해 말씀드릴 차례입니다. 이를 통해 우리는 복합화과 식물의 특징을 보다 더 정확하게 확정할 수 있겠지요.

복합화의 본질적인 특징을 보여주는 부분은 무엇보다도 꽃받기입니다. 이 꽃받기 위에서 작은꽃과 반작은꽃들이 자라나고, 나중에는 씨앗들도 자라나지요. 어느 정도 면적을 지닌 원반 모양의 꽃받기는 꽃받침의 중심을 구성합니다. 제가 지금부터 예로 들 민들레에서 확인하실 수 있을 것입니다. 이 과에 속한 식물들 전체에서 보통 꽃받침은 바닥까지 여러 조각으로 갈라져 있습니다. 결실이 진행되는 동안 찢어질 위험 없이 꽃받침이 닫히고, 열리고, 뒤로 젖힐 수 있게 하기 위해서지요. 민들레의 꽃받침은 서로 겹쳐 있는 두 줄의 이파리로 구성됩니다. 바깥쪽 줄의 이파리들은 안쪽 이파리들을 지지하는 동시에 뒤로 구부러져 꽃자루를 향해 접혀 있습니다. 반면 안쪽 이파리들은 꼿꼿하게 서서 꽃을 구성하는 반작은꽃들을 둘러 감싸고 있지요.

이 부류 식물들의 꽃받침에서 발견되는 또 하나의 중요한 공통점은 그것이 포개져 있다는 것입니다. 여러 줄의 꽃받침 이파리들이 마치 기와지붕처럼 다른 줄의 이파리의 접합부를 덮고 있는 모양새지요. 아티초크, 수레국화 종류들*, 쇠채 등에서 이처럼 포개진 꽃받침의 사례를 관찰할 수 있습니다.

　꽃받침에 감싸인 작은꽃들과 반작은꽃들은 원반 모양의 꽃받기 위에 5점형† 또는 바둑판무늬로 촘촘하게 나 있습니다. 아무 매개물 없이 노출된 채로 서로 접해 있는 경우도 있지만, 털이나 작은 비늘 같은 것을 통해 막으로 분리되어 있기도 합니다. 이러한 털이나 작은 비늘은 씨앗이 익어 떨어질 때도 꽃받기에 붙은 채로 남아 있지요. 이제 부인은 꽃받침과 꽃받기의 차이점을 구별해내는 관찰의 길에 접어든 것입니다. 그럼 이제 작은꽃과 반작은꽃의 구조에 대해 이야기해보도록 하지요. 먼저 작은꽃부터 시작합시다.

　작은꽃은 보통 규칙적인 단판꽃이며, 그 한 장의 꽃잎이 꽃부리의 윗부분에서 네다섯 갈래로 갈라져 있습니다. 이 꽃부리 내부에 있는 관에는 가느다란 실과 같은 다섯 개의 수술이 붙어 있지요. 이 다섯 개의 수술은 위쪽에서 하나로 합쳐져 작고 둥근 관

---

* 원문의 "le bluet"와 "la jacée"는 모두 수레국화 종류에 해당하는 꽃으로, 마땅히 대응하는 번역어가 없기에 묶어 "수레국화 종류들"로 옮겼다.

† 주사위에서 숫자 5를 나타내는 점 다섯 개가 찍힌 모양을 생각하면 된다.

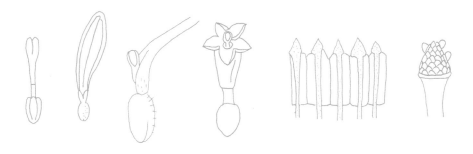

을 이룹니다. 암술을 감싸고 있는 이 관은 둥그렇게 한 몸을 이룬 다섯 개의 꽃밥 또는 수술과 다름없지요. 식물학자들이 보기에는 이처럼 수술이 하나로 합쳐져 있는 것이 복합화의 본질적인 특징입니다. 이는 복합화를 이루는 작은꽃들에서만 발견되는 것으로 다른 어떤 종류의 꽃에서도 찾아볼 수 없는 유일무이한 특징입니다. 그러니 체꽃이나 산토끼꽃 같은 것에서 하나의 원반 위에 여러 꽃이 나 있는 모습을 발견한 한들 그것은 공연한 일일 뿐입니다. 여러 꽃밥이 하나의 관으로 합쳐져서 암술을 감싸고 있지 않다면, 그리고 꽃부리가 단 하나의 씨앗 위에 자리 잡고 있지 않다면, 그 꽃들은 작은꽃이라고 할 수 없고 따라서 복합화를 형성할 수도 없습니다. 반대로 한 송이의 꽃만 있더라도 꽃밥이 그처럼 한 몸으로 합쳐져 있고 꽃부리의 위쪽 부분이 하나의 씨앗 위에 놓여 있다면 단 한 송이인 것과는 별개로 그것은 참된 작은꽃이라 할 수 있으며, 따라서 복합화과에 속한다고 볼 수 있습니다. 그러니 식물의 고유한 특징을 이끌어내기 위해서는 우리의 눈을 속일 수 있는 외관보다는 그 정확한 구조에 의지하는 것이 중요합니다.

암술을 지지하는 암술대는 보통 작은꽃보다 그 길이가 깁니다. 그리하여 암술은 꽃밥이 형성하고 있는 관을 통과하여 그 위쪽으로 솟아 있지요. 암술의 위쪽 끄트머리에 있는 암술머리는 대개 끝이 갈라져 두 개의 돌기가 되어 있는 것을 쉽게 확인할 수 있습니다. 암술은 밑둥을 통해 꽃받기와 바로 연결돼 있지는 않습니다. 작은꽃과 마찬가지로 말입니다. 암술이나 작은꽃은 모두 그들의 바닥 역할을 하는 싹눈에 붙어 있습니다. 작은꽃이 시들어 말라가는 동안 싹눈은 점차 성장하여 길쭉해지고, 마침내 길다란 씨앗이 되지요. 이 씨앗은 꽃받기에 붙은 채로 익어갑니다. 그러다 완전히 무르익으면, 따로 감싼 게 없는 맨씨앗의 경우에는 땅에 떨어지고, 솜털 다발로 덮여 있는 씨앗의 경우라면 바람에 실려 멀리 날아갑니다. 그리하여 꽃받기만 남아 있게 되는데, 종에 따라서 그대로 노출되는 경우도 있고 비늘이나 털과 같은 것이 달려 있는 경우도 있습니다.

반작은꽃의 구조는 작은꽃과 유사합니다. 수술과 암술, 씨앗이 거의 비슷한 방식으로 배열되어 있지요. 다만 두상화들 중 주변부에 있는 반작은꽃들이 제대로 발육하지 못해 씨앗을 맺지 못하는 속들이 존재합니다. 이유는 수술이 아예 없어서일 수도 있고, 수술은 있지만 생식 능력이 없기 때문일 수도 있습니다. 그리하여 가운데에 있는 작은꽃들에서만 씨앗이 생산되지요.

복합화는 그것이 어떤 종류이든 씨앗이 꽃자루를 통하지 않고서 꽃받기 위에 직접 놓여 있습니다. 하지만 씨앗의 꼭대기가 솜털로 덮여 있는 경우가 있지요. 이때 솜털 다발은 자루를 통해 씨앗과 연결되는 경우도 있고, 바로 붙어 있는 경우도 있습니다. 솜털의 존재 이유는 어렵지 않게 짐작하실 수 있을 것입니다. 씨앗이 바람을 타고 멀리까지 날아가 종자를 널리 퍼트리고자 함이지요.

제 거칠고 불완전한 설명에 한 가지 사실을 덧붙여야겠습니다. 일반적으로 꽃받침은 꽃이 피면 열리고 작은꽃이 시들어 떨어지면 닫히는 특성을 갖고 있답니다. 어린 씨앗을 감싸 그것이 다 익기 전에 흩뿌려지는 일이 없게 하기 위해서지요. 그러다 시간이 지나면 꽃받침이 열려 몸을 뒤로 젖히는데, 그것은 익어가면서 크기가 자라는 씨앗들에게 한가운데 보다 넓은 공간을 마련해주기 위해서입니다. 부인께서도 그러한 상태에 있는 민들레꽃을 자주 보셨을 것입니다. 그럴 때면 아이들은 민들레를 꺾어서 열린 꽃받침 주위로 구 모양을 이루고 있는 솜털 다발을 입김으로 후 부는 놀이를 하지요.

이 부류에 속하는 식물들을 잘 알기 위해서는 그 꽃이 어떤 모습인지 개화 전부터 과실이 무르익을 때까지 전부 따라가볼 필요가 있습니다. 그 과정에서 꽃이 변모하고 일련의 경이로움들이 이어지는 모습을 볼 수 있지요. 건강한 지성을 가진 사람이라면 누구나 그것을 관찰하면서 부단히 경탄하게 될 것입니다. 이에 좋은 꽃으로는 해바라기를 들 수 있겠네요. 포도밭이나 정원에서 흔히 만날 수 있는 꽃이지요. 해바라기가 두상화임은 쉽게 알아차릴 수 있으실 것입니다. 가을이면 화단을 아름답게 장식하

는 과꽃 역시도 그렇지요. 엉겅퀴*는 작은꽃잎으로만 이루어진 작은꽃잎꽃입니다. 쇠채와 민들레가 반작은꽃으로만 이루어진 반꽃잎꽃이라는 것은 이미 말씀드렸지요. 이 꽃들은 모두 크기가 꽤 커서 해부하여 맨눈으로 살펴볼 때 큰 노고를 들이지 않아도 된답니다.

　복합화과 또는 이 부류에 속하는 식물들에 대해 오늘은 여기까지 이야기하도록 하겠습니다. 제가 세세한 설명으로 부인의 인내심을 바닥나게 했을까 봐 염려가 되는군요. 제가 간략하게 말할 줄 알았다면 더 명료하게 설명할 수 있었을 텐데 말입니다. 하지만 우리가 관찰하는 대상들이 너무 작아서 생기는 어려움은 저도 어떻게 할 수 없을 것 같습니다. 친애하는 벗이여, 그럼 이만 인사드리도록 하지요.

---

* 엉겅퀴의 경우 겉모습만 보고 산토끼꽃과 혼동하지 않도록 주의해야 한다. 산토끼꽃은 진짜 엉겅퀴가 아니기 때문이다.(프랑스어판 편집자주)

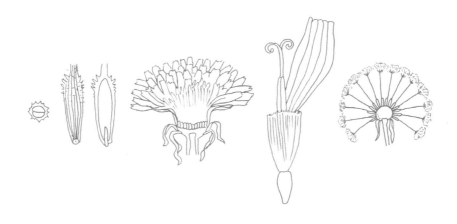

일곱 번째 편지*

과실수에 대하여

제 소중한 부인, 지난번 제게 보내주신 식물들의 이름을 적어 여기 보내드립니다. 확신이 가지 않는 항목들에는 의문부호를 붙여두었습니다. 부인께서 꽃과 함께 잎까지 보내주셨더라면 좋았을 텐데 말이지요. 저처럼 보잘것없는 식물학자는 식물의 종이 무엇인지 확실하게 알기 위해서 잎까지 봐야 할 때가 많답니다. 부인께서 푸리에르에 도착하시면 과실수들이 꽃 피운 모습을 지천에서 볼 수 있을 것입니다. 제가 이에 대해 몇 가지 지침을 주기 바라셨던 것으로 기억합니다. 시간이 촉박하니 지금으로서는 급히 몇 자 적어드리는 수밖에 없을 것 같습니다. 부인께서 꽃을 조사할 계절을 놓쳐서는 안 되니까요.

친애하는 벗이여, 식물학에 그것이 지니고 있지 않은 중요성까지 과도하게 부여하려 해서는 안 됩니다. 식물학은 순수한 호기심을 갖고 접근해야 하는 학문으로, 사유하고 감각하는 존재가 자연과 우주의 경이를 관찰하는 데서 이끌어낼 수 있는 경이로움 외에 다른 현실적인 유용성은 없으니까요. 인간은 많은 사물들을 유용한 것으로 바꾸기 위해 자연 그대로의 상태로부터 변화시킵니다. 그 자체는 조금도 비난할 만한 일이 아니지요. 하지만 그 때문에 인간이 사물들을 종종 왜곡하고, 자신의 손으로 만들어낸 작품 속에서 진정한 자연을 연구할 수 있다고 믿는 우를 범하는 것도 사실이지요. 이러한 잘못은 특히 시민사회에서 많이 일어나지만, 정원에서도 벌어지곤 합니다. 사람들이 그토록 감탄하는 화단의 겹꽃들은 자연이 모든 생명체에게 부여한 자신의 동류를 재생산할 능력을 빼앗긴 괴물과도 같지요. 접붙이기를 한 과실수들 역시 거의 유사한 경우입니다. 가장 우수한 품종의 배나 사과의 종자를 심어봐도 거기서 나는 것은 자연목일 뿐입니다. 그러니 자연의 배와 사과에 대해 제대로 알기 위해서는 채소밭이 아니라 숲을 찾아야 합니다. 과육이 그리 크지 않고 맛이 아주 좋지도 않겠지만, 종자들이 더 잘 크고 번식력도 좋으며, 나무들도 훨씬 크고 건강합니다. 하지만 이 이야기

---

* 이 편지에는 정확한 날짜가 기입되어 있지 않다. 1774년 3월 하순이나 4월 초순으로 추정된다.

까지 다루자면 너무 멀리 가야 합니다. 그러니 지금은 우리의 채소밭으로 돌아오도록 하지요.

과실수는 접목한 것이더라도 결실 과정에서 자신의 고유한 식물학적 특징들을 그대로 지닙니다. 그 특징들을 주의 깊게 조사하고 접목을 통한 다양한 변형을 살펴보면, 다른 이름을 갖는 수많은 과일들, 예컨대 수많은 종류의 배들이 사실은 단 하나의 종에 속한다는 것을 확인할 수 있습니다. 과일의 모양이나 맛이 각기 다르다는 이유로 마치 다른 종인 것처럼 칭하며 구별하지만, 근본적으로는 다양한 변종 중 하나일 뿐인 것이지요. 게다가 배와 사과는 동일한 속에 속하는 두 개의 종과 다름없습니다. 그들을 구별하는 특징적인 단 하나의 차이는 사과의 잎자루가 과일의 움푹한 부분에 들어가 있는 반면, 배의 잎자루는 과일에서 뻗어나온 약간 길쭉한 돌기에 붙어 있다는 것밖에는 없습니다. 마찬가지로 버찌, 하트 버찌, 산과양앵두, 비가로 버찌 등은 모두 동일한 종의 변종에 불과합니다. 자두 역시 마찬가지로 전부 하나의 종에 속합니다. 자두속屬은 주요한 세 종을 포함합니다. 우리가 자두라고 부르는 것과 버찌, 살구가 그것인데, 이들 모두 자두에 속하는 하위 종입니다. 린네와 같은 학자가 하나의 속을 여러 종으로 세분하면서 자두 자두, 버찌 자두, 살구 자두라고 명명했을 때 무지한 사람들은 그를 보고 비웃었지요. 하지만 관찰할 줄 아는 자들은 그러한 분류의 정확성에 감탄했습니다. 자, 속도를 내야겠네요. 서두르도록 하지요.

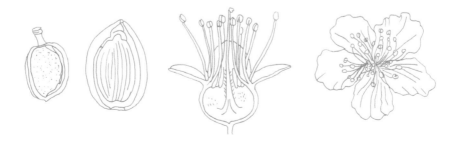

거의 모든 과실수들은 여러 종을 포함하는 하나의 과에 속합니다. 그 과의 특징은 쉽게 파악할 수 있습니다. 여러 개의 수술들이 꽃받기에 붙어 있는 것이 아니라 꽃잎들이 사이사이 벌려둔 간극을 통해 꽃받침에 연결됩니다. 꽃들은 전부 다판화꽃이며 일반적으로 다섯 장의 꽃잎으로 이루어집니다. 이제 이 속의 주요한 특징들을 나열해보도록 하겠습니다.

배속屬. 사과와 마르멜로도 포함된다. 꽃받침은 끝이 다섯 개로 갈라진 단엽이며, 꽃부리는 꽃받침에 붙어 있는 다섯 개의 꽃잎으로 이루어져 있다. 스무 개 가량의 수술은 모두 꽃받침에 붙어 있다. 싹눈 또는 하위 씨방은 꽃부리 아래에 있다. 다섯 개의 암술대가 있다. 과일은 과육이 풍부하며 씨앗을 담고 있는 다섯 개의 작은 방으로 이루어져 있다 등등.

자두속屬은 살구, 버찌, 라우로세라스를 포함한다. 꽃받침, 꽃부리, 꽃밥은 배와 거의 유사하다. 그러나 상위 씨방으로 씨방이 꽃부리 안에 있으며, 암술대가 하나뿐이라는 차이점이 있다. 과일은 과육보다는 과즙이 많으며, 하나의 씨핵을 갖고 있다 등등.

아몬드속屬에는 복숭아도 포함된다. 씨방에 털이 있으며, 복숭아의 경우 과실이

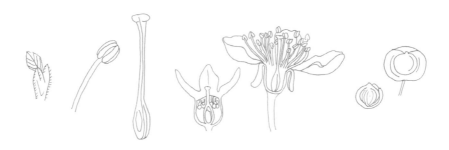

무르고 아몬드의 경우 단단하다. 단단하고 거친 씨핵에는 여기저기 구멍이 나 있다. 이 점을 제외하면 자두속과 비슷하다.

　　다소 거친 스케치에 불과한 설명이지요. 하지만 올 한 해 부인이 즐기시기에는 이 것으로도 충분할 겁니다. 그럼 인사를 전합니다, 내 소중한 벗이여.

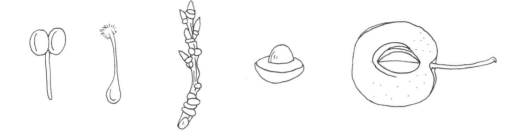

여덟 번째 편지

사랑하는 벗이여, 회복하셨다니 다행입니다. 하늘이 도우신 것이겠지요. 부인의 침묵 때문에 저도 꽤 근심했답니다. 이러한 근심의 경우 침묵만큼 잔인한 것도 없지요. 최악을 상상하게 하니까요. 하지만 이제 그런 것은 모두 잊었고, 부인이 회복했다는 소식을 들은 기쁨밖에 남아 있지 않습니다. 아름다운 계절이 돌아왔습니다. 가장 달콤하고도 존경받을 만한 일을 성공으로 채우는 기쁨은 곧 그것을 더 굳건하게 하겠지요. 부인을 향한 부군의 따스한 애정 표시와 아이들이 필요로 하는 꾸준한 보살핌이 한창일 때 부군께서 잠시 떠나게 되었지만, 식물학에 집중하는 것으로 부인의 슬픔을 덜 수 있으리라 생각합니다.

대지가 초록빛을 띠어가고 있네요. 나무에 싹이 트고 꽃이 피어나고 있습니다. 식물 연구는 잠시만 지체해도 한 해를 뒤처지게 됩니다. 그러니 바로 본론으로 들어가겠습니다.

지금까지 우리가 식물을 너무 추상적인 방식으로 다룬 것은 아닌지 염려가 됩니다. 우리가 얻은 개념들을 실제 대상에 적용하지 않았으니까요. 특히 제가 산형화과 식물을 다룰 때 이런 우를 많이 범했던 것 같아요. 부인의 눈앞에 식물을 직접 보여주며 시작했더라면, 부인께서 스스로 머릿속에 식물을 떠올리며 제 설명을 대입하느라 고생하지 않았을 테지요. 저 또한 설명하기가 한결 쉬웠을 것입니다. 직접 보기만 하면 충분하니까요. 불행히도 부인과 저 사이에 가로놓인 거리로 인해 제 손으로 직접 식물들을 가리키며 보여드릴 수 있는 처지가 아니네요. 그러나 각자 자신의 곁에 같은 식물을 두고 볼 수 있다면, 어떤 게 보이는지 이야기를 나누며 서로를 보다 잘 이해할 수 있을 것입니다.

난점이 있다면 부인께서 먼저 지침을 내려주어야 한다는 점이지요. 제가 부인께 말린 식물들을 보내드리는 것은 아무 소용이 없기 때문입니다. 어떤 식물을 잘 이해하기 위해서는 직접 찾아보는 데서 출발하는 것이 필요합니다. 식물표본은 이미 알고 있는 것을 상기하려는 용도로 쓰이지요. 전에 본 적 있는 식물이 아니라면 오히려 잘못된 지식을 갖게 될 수도 있습니다. 그러니 부인께서 잘 알고 싶은 식물이 있다면 직접 채집하여 제게 보내주셔야 합니다. 그러면 제가 부인께 그 식물들의 명칭을 알려주고, 분류하고, 설명해드릴 수 있겠지요. 그러다 보면 부인의 눈과 정신은 비교를 통해 개념을 형성하는 데 익숙해질 것이고, 언젠가는 처음 본 식물들도 부인께서 직접 분류하고 배열하고 명명할 수 있게 될 것입니다. 오로지 이러한 과학만이 진정한 식물학자를 약초상이나 명명법 전문가와 구별시켜줍니다. 그러니 이번에는 식물을 쉽게 알아보고 적합하게 규정할 수 있도록 적절한 채비를 갖춰 식물이나 그 견본을 말리고 보존하는 법을 배워보도록 합시다. 제 제안은 한마디로 식물표본을 만드는 일에서부터 시작하자는 것입니다. 먼 훗날 우리의 꼬마 식물 애호가가 직접 하게 될 원대한 작업을 미리 준비하는 셈이겠지요. 당분간은 꼬마 아가씨의 작은 손가락이 부인의 재주 있는 손의 도움을 받아야 할 테니까요.

먼저 준비해야 할 것이 있습니다. 회색 종이 대여섯 첩*이 필요하고, 동일한 크기의 빳빳한 흰색 종이도 그만큼 필요합니다. 이 흰색 종이로 잘 덮어야 식물이 회색 종이 안에서 썩어버리는 일을 막을 수 있습니다. 그에 더해 꽃이 색을 잃지 않게 하는 역할도 하고요. 꽃의 빛깔은 꽃을 식별할 때 중요한 요소 중 하나이기도 하거니와, 색색

---

* 여기서 한 첩은 스물다섯 장의 종이를 묶어놓은 책 한 권을 의미한다.

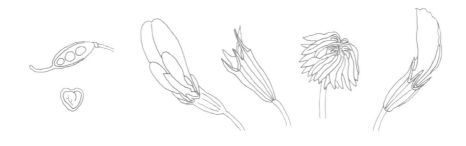

의 꽃들은 식물표본을 보기 좋게 해주기도 하지요. 종이와 크기가 같은 압착기도 구비할 수 있다면 더 좋을 것입니다. 압착기를 구할 수 없다면 잘 맞물리는 판자 두 개도 괜찮습니다. 판자 사이에 식물을 놓은 뒤 위쪽 판자에 돌이나 무거운 물건을 올려서 누르는 힘을 계속 가할 수 있으면 됩니다. 준비가 끝나셨나요? 그럼 이제 표본에 넣을 식물이 필요하겠네요. 식물을 잘 보존하고 쉽게 알아볼 수 있게 하려면 어떤 사항들을 지켜야 하는지 살펴봅시다. 채집 시기는 식물이 만개했을 때, 혹은 갓 열매가 맺히기 시작하여 꽃이 하나둘 지기 시작할 때가 좋습니다. 이때가 바로 결실을 구성하는 모든 부분들을 감지할 수 있는 시기인 만큼, 식물들이 이 상태에 접어들었을 때 채집하여 말려야 합니다.

식물들을 뿌리까지 전부 채집한 후라면 흙이 남아 있지 않도록 솔로 조심스럽게 닦아내야 합니다. 뿌리의 흙이 젖어 있는 상태라면 솔질을 할 수 있을 때까지 말리거나 씻어내야 하고요. 단, 종이 사이에 넣기 전에 세심한 주의를 기울여 물기를 닦아낸 뒤 잘 말려야 하겠지요. 그렇게 하지 않으면 식물이 필경 썩을 뿐 아니라 곁에 있는 다른 식물들까지도 썩어버릴 테니까요. 그렇지만 뿌리에 주목할 만한 특징이 없다면 무리해서 뿌리를 보존하려고 할 필요는 없습니다. 여러 가닥으로 갈라져 있는 섬유질인 뿌리는 많은 경우 비슷한 모양을 하고 있어서 구태여 큰 노고를 들이면서까지 보존하려 하지 않아도 되지요. 자연은 식물의 형태와 색상을 우아하게 장식하는 데 많은 힘을 기울여 우리의 눈을 감동시키지만, 뿌리만큼은 기능의 유용함에만 집중했던 것으로 보입니다. 뿌리는 땅속에 숨겨져 있는 부분이니, 거기에 아름다운 구조를 부여했다면 빛을 만들어놓고서도 그것을 가리는 셈이었을 테니까요.

나무를 비롯해 크기가 큰 식물이라면 부분을 취해 견본을 만드는 수밖에 없습니다. 견본을 취할 때는 그 식물이 속한 속屬과 종種의 특징을 구성하는 모든 부분이 포함되도록 고심해서 골라야 합니다. 그래야만 그 견본이 속한 식물이 무엇인지 알아보고 규정할 수 있을 테니 말입니다. 견본을 만들 때는 식물에서 결실을 담당하는 부분 전체를 담는 정도로는 충분하지 않습니다. 그것으로는 식물이 어떤 속에 해당하는지밖에 알 수 없기 때문입니다. 우리는 견본에서 잎이 난 모양과 가지의 특징까지 볼 수 있어야 합니다. 잎과 가지가 어떻게 돋아나고 형태를 갖추어가는지 알 수 있어야 한다는 것이죠. 심지어 줄기도 어느 정도는 포함시켜야 합니다. 앞으로 보게 되겠지만, 그래야 같은 속에 속하는 다양한 종들을 구별할 수 있습니다. 꽃과 열매는 몹시 유사해서 그것만으로는 구별할 수 없을 때가 있습니다. 가지가 너무 두껍다면 나이프나 주머니칼로 가능한 한 얇게 잘라내면 됩니다. 잎을 잘라내거나 훼손하지 않도록 주의하며 두꺼운 부분의 아래쪽을 솜씨 좋게 깎아내어야 하지요. 식물학자들 중에는 끈기를 발휘하여 가지의 껍질을 쪼개고 거기서 목질 부분을 능숙하게 긁어내는 사람도 있습니다. 껍질을 잘 이어 붙이면 목질 부분이 없더라도 가지 전체가 어떤 모양인지 볼 수 있으니까요. 이런 방법을 쓰면 종이 사이에 너무 두껍거나 툭 튀어나온 부분이 없게 돼 표본집을 망가뜨리거나 보기 흉하게 하는 일을 막을 수 있습니다. 식물의 형태가 왜곡되는 일도 예방하고요.

꽃과 잎이 동시에 나지 않거나 그 시간 간격이 긴 경우에는 꽃이 핀 가지와 잎이 난 가지를 각각 따로 채집하면 됩니다. 종이 하나에 그 가지들을 함께 놓으면 동일한 식물의 다양한 부분들을 한눈에 볼 수 있어 그 식물이 무엇인지 정확히 알아보기에 부족함이 없을 것입니다. 꽃이 아직 피지 않았거나 이미 져버려서 잎밖에 볼 수 없다면 그 식물은 제쳐두도록 합시다. 그리고 꽃이 자신의 얼굴을 전부 내보여줄 때까지 기다리도록 합시다. 그때가 되면 우리도 그것이 무엇인지 제대로 알아볼 수 있을 테니까요. 사람을 옷만 보고서 알아볼 수 없듯, 식물도 잎만 보고서는 확실히 알아볼 수 없는 법입니다.

이 정도가 식물을 채집할 때 우리가 염두에 두어야 할 점들입니다. 그런데 식물을 채집하는 시간을 선택할 때에도 주의해야 할 부분이 있습니다. 이슬이 맺히는 아침이나 습한 저녁, 한낮이라 하더라도 비 내리는 날은 채집한 식물을 제대로 보존하기 힘듭니다. 반드시 건조한 시기를 택해야 하며, 건조한 시기 중에서도 하루 중 가장 건조하고 기온이 높은 시간, 그러니까 여름날 아침 11시부터 오후 5~6시까지가 적당합니다. 견본에 습기가 남아 있다면 그것은 제쳐두어야 합니다. 보존하기 어려울 게 분명하니까요.

견본을 채집했다면, 이제 건조한 상태를 유지하여 집으로 가져간 후 종이 위에 놓고 배열해야겠지요. 이를 위해 최소 두 장의 회색 종이로 첫 번째 층을 만들고, 그 위에 흰색 종이 한 장을 놓으세요. 그리고 그 위에 식물을 배치하면 됩니다. 아주 세심하게 식물의 모든 부분들, 특히 잎과 꽃이 자연에서 보여주는 모습을 유지하도록 잘 펼쳐놓습니다. 보통 적당히 시든 식물이 손가락으로 종이에 배열하기 좋습니다. 간혹 식물의 한쪽 모양을 유지하여 배열하려고 하면 다른 쪽이 말려 올라가는 등 다루기 어려운 녀석들도 있지요. 그런 불편함을 방지하기 위해 저는 추, 무거운 1수짜리 동전, 혹은 그보다 작은 리야드 동전*을 사용하기도 합니다. 이미 배열한 부분을 그것으로 누른 뒤에 다른 쪽의 위치를 잡으면 됩니다. 이런 식으로 하면 작업을 마치고 났을 때 식물은 거의 전체가 동전으로 덮인 채 모양을 유지할 것입니다. 그때 흰색 종이를 한 장 더 가져와 먼젓번의 종이 위에 놓고, 식물이 배열한 그대로 모습을 유지하도록 손으로 압력을 가합니다. 왼손으로는 종이를 누르면서 밀어나가고 오른손으로는 종이 사이에 있는 추나 동전을 하나씩 빼내는 것이지요. 그런 다음 두 번째 흰색 종이 위에 회색 종이 두 장을 놓습니다. 배열해둔 식물의 모습을 흐트러뜨리지 않으려면 잠시도 멈추지 않고 진행해야 합니다. 이 회색 종이 위에 다른 흰색 종이를 올립니다. 그리고 그 위에 식물을 배열하고 위에서 했던 대로 작업을 반복합니다. 채집해온 수확물들 전부를 배열할 때까지 계속하는 것이지요. 하지만 한 번에 너무 많은 식물을 정리하려 해서는 안 됩니다. 작업 시간이 길어지는 것도 문제지만, 그 수가 너무 많으면 식물이 건조되는 동안

---

* 프랑스의 옛 동전. 1리야드는 4분의 1수에 해당하는 가치를 지닌다.

종이에 습기가 밸 수도 있으니까요. 그 경우 서둘러 종이를 조심스레 갈아주지 않으면 필경 식물이 상할 것입니다. 식물의 모양이 제대로 잡히고 완전히 건조될 때까지 이런 식으로 종이를 종종 갈아주어야 합니다.

정리한 식물과 종이 더미는 눌러두어야 합니다. 그렇게 하지 않으면 식물에 주름이 잡힐 수 있으니까요. 식물의 종류에 따라 압력을 많이 가해야 할 수도 있고, 조금만 눌러주는 것으로 충분할 수도 있습니다. 경험이 쌓이면 자연히 깨우칠 것입니다. 종이는 언제 갈아주면 되는지, 얼마나 자주 갈아주는 것이 적당한지 등에 대한 노하우도 마찬가지입니다. 마침내 식물이 잘 건조되면 종이 한 장 위에 식물 하나를 깔끔하게 고정시키면 됩니다. 그리고 그렇게 한 종이들을 잘 포개놓으면 되지요. 사이사이에 따로 종이를 끼워둘 필요는 없습니다.

자, 이렇게 하면 이제 부인은 최초의 식물표본집을 갖게 되는 것입니다. 이 표본집은 부인의 지식과 함께 계속 그 분량을 늘여갈 것이고, 언젠가는 이 나라 식물 전체의 역사를 품게 될 것입니다. 한 가지만 더 덧붙이도록 하겠습니다. 표본집은 잘 닫아서 약간 눌러놓은 채로 보관해야 합니다. 그렇게 하지 않으면 식물들이 아무리 잘 말랐다 하더라도 공기 중의 습기를 빨아들여 주름이 생길 수 있기 때문입니다.

자, 그럼 이제 식물에 관한 특별한 지식을 얻고 지금껏 우리가 이야기를 나눠온 것들을 더 잘 이해하기 위해 이 식물표본집을 어떻게 이용하면 되는지 알아보도록 합시다.

식물을 채취할 때는 견본을 두 개씩 만들도록 하세요. 부인이 직접 보관하실 견본은 크기가 큰 것을 택하시고, 저에게 보낼 것은 작은 것으로도 충분합니다. 번호를 매길 때는 두 개의 견본이 같은 번호를 갖도록 조심해주세요. 잘 말린 견본을 열 개, 스무 개 갖게 되면 그때 작은 노트에 그것을 끼워서 시간이 날 때 저에게 보내시면 됩니다. 그러면 제가 그 식물들의 이름과 각각에 대한 설명을 적어서 부인께 보내겠습니다. 번호를 매겨두었으니 부인의 식물표본집에서 그것을 확인하실 수 있을 것입니다. 거기서 출발하여 직접 대지로 나가 찾아보는 데까지 이르실 수 있겠지요. 부인께서는 아주 잘 해내시리라 생각합니다. 이렇게 하면 우리가 멀리 떨어져 있다 해도 확실하고 빠른 진전을 보일 것입니다.

　아 참, 제가 잊은 게 있네요. 같은 종이를 여러 번 써도 괜찮답니다. 물론 재사용하기 전에 바람을 쐬어 잘 말려야겠지만요. 표본은 집에서 가장 건조한 장소에 보관해야 한다는 것도 덧붙입니다. 1층보다는 2층이 나을 거예요.

식물학에서 명명법을 어떻게 볼 것인가?

식물학이 학문의 탄생 시점부터 의학의 일부로 여겨졌던 것은 불행의 시작이었다. 사람들의 관심은 식물의 효능을 발견하고 추정하는 데 국한되었고, 그것은 식물 자체에 관한 지식을 소홀히 하는 결과로 이어졌다. 어떻게 이 연구가 필요로 하는 방대하고도 지속적인 여정에 전념하는 동시에 식물의 성질과 인체에 미치는 효과를 알아내기 위해 실험도 하고 환자들의 치료에도 몰두하는 것을 병행할 수 있겠는가? 식물학을 바라보는 이러한 잘못된 시각 때문에 연구는 오래도록 협소한 폭을 벗어나기 어려웠다. 연구 대상은 일상에서 마주치기 쉬운 식물들로 한정되었고, 식물계의 거대한 사슬은 소수의 절단된 고리로 축소되었다. 그나마 연구 범위에 들어오는 식물들마저도 제대로 연구되지 못했는데, 이는 식물 구조가 아니라 재료로서의 특징에만 초점을 맞추었기 때문이다. 그 물질, 혹은 가지 달린 덩어리를 절구에 담아 찧는 게 전부일진대 어떻게 그 유기적 구조에 몰두할 생각을 하겠는가? 사람들은 치료약을 찾기 위해 식물을 찾았을 뿐이며, 따라서 그들이 찾은 것은 식물이 아니라 약초였다. 물론 그 역시 의미 있는 일이라 해야 할 것이다. 그러나 사람들이 식물 자체에 대해서는 치료약만큼 잘 알지 못했다는 것이 나의 주장이다.

식물학은 아무것도 아니었다. 식물학에 대한 연구 자체가 존재하지 않았고, 식물에 대해 가장 잘 안다고 자부하는 사람들도 식물의 구조나 경제에 대해서는 아무것도 몰랐다. 누구나 자신의 지역에 자라는 대여섯 가지의 식물을 알고 있었으며, 그 식물에 아무렇게나 이름을 붙여 자기 마음에 드는 놀라운 미덕을 부여했다. 그러면 이 식물들은 전 인류를 불로장생시키기에 충분한 만병통치약으로 변모했다. 방향제와 고약으로 만들어진 이 식물들은 얼마지 않아 다른 식물로 대체되면서 사라졌고, 자신을 차별화하고자 했던 신참자들은 과거의 식물이 지닌 것과 동일한 약효를 새로운 식물에 부여했다. 새로운 식물을 오래된 미덕으로 장식할 때도 있었고, 이름만 바뀌었을 뿐인 오래된 식물이 약장수들을 부유하게 만들 때도 있었다. 이러한 식물들은 지역마다 다른 통속적인 이름을 갖고 있었다. 약을 처방하는 사람들은 자신이 사는 지역에서만 통용되는 이름을 붙였고, 이 레시피가 다른 지역으로 넘어가면 무슨 식물을 지시하는지 알 수 없어졌다. 그리하여 모두들 각자의 구미에 맞는 식물로 대체해 약을 만들었고, 거기에 똑같은 이름을 붙이는 것으로 만족했다. 미렙소스Nicolaus Myrepsus, 힐데가르트 폰 빙엔 Hildegard von Bingen, 수아르두스Paulus Suardus, 빌라노바Arnaldus de Villa Nova*를 비롯한 그 시대의 의사들이 기록하는 바 식물에 관한 연구라는 것은 이러한 솜씨의 적용에 다름없었다. 그러니 그들이 나열하는 이름이나 설명에서 무엇 하나 알아보기 힘든 것이다.

문예부흥기에 이르러서는 이 모든 것들이 사라지고 고대 문헌에 자리를 내주었다. 아리스토텔레스와 갈레노스Claudius Galenus†의 저작에 나오는 것이 아니라면 그 무엇도 선하거나 참될 수 없었다. 이제 사람들은 지상의 식물 대신 플리니우스Gaius Plinius Secundus‡와 디오스코리데스Pedanius Dioscorides§의 저작에 나오는 식물만을 연구했다. 당대의 저자들이 디오스코리데스가 언급하지 않았다는 이유만으로 식물의 존재 자체를 부정하는 일도 흔했다. 그러나 이 현학적인 세계에 속한 식물들도 스승의 교훈에 따라 활용하기 위해서는 어쨌든 자연에서 찾아내야만 했다. 그리하여 사람들은 전력을 다해 움직였다. 식물을 찾아나서고, 관찰하고, 추측하기 시작했으며, 자신이 택한 식물에서 위 저자가 기술한 특징을 찾기 위해 모든 노력을 기울였다. 번역자, 주석가, 임상의들이 일치된 선택을 하는 일이 드물었기 때문에 하나의 식물에 스무 개의 이름이 붙거나 스무 개의 식물에 하나의 이름이 붙었다. 사람들은 자신의 의견만이 옳으며 디오스코리데스가 언급했던 것이 아닌 다른 식물들은 지상에서 추방해야 한다고까지 주장했다. 이러한 갈등으로부터 보다 주의 깊은 연구와 보존할 가치가 있는 훌륭한 관찰이

* 모두 중세 유럽에 활동했던 의사 또는 약학자들이다.
† 고대 그리스의 의학자이자 철학자로서 히포크라테스 이후 고대 의학을 완성시켰다는 평을 듣는다. 생체해부를 실시하기도 했다.
‡ 고대 로마의 박물학자. 『박물지』의 저자이이기도 하다.
§ 고대 그리스의 약물학자로, 고대 약물학을 집대성했다.

등장하기도 했지만, 전반적으로 심각한 명명법의 혼란이 초래되어 의사와 약제상들이 서로를 이해하는 게 불가능할 정도에 이르렀다. 지식을 소통하는 것이 불가능해지고 어휘와 명칭에 대한 논쟁만 남은 것이다. 결국에는 유용한 연구와 설명조차 사라졌는데, 저자가 다루는 식물이 무엇인지 확실하게 결정할 수 없었기 때문에 이는 어쩔 수 없는 일이었다.

이러한 상황에도 불구하고 클루시우스Carolus Clusius, 코르두스Valerius Cordus, 세살피노Andrea Cesalpino, 게스너Conrad Gessner*와 같은 진정한 식물학자들이 등장했고, 이 주제에 관해 어느 정도 체계를 갖춘 훌륭하고 유익한 저작도 나오기 시작했다. 그런 작품들이 단순히 명칭의 불일치로 인해 무용해지고 이해할 수 없게 되는 것은 확실히 큰 손실이었다. 저자들은 나름의 방식으로 식물의 형태와 외관의 구조를 관찰하여 종들을 수집하고 속을 나누었는데, 여기서 또 다른 불편과 모호함이 발생했다. 각자 자신의 체계에 맞추어 명명법을 구축하다 보니 각 체계가 요구하는 바에 따라 새로운 속이 생겨나거나 이미 존재하던 속이 세분화되는 등의 일이 발생했기 때문이다. 이처럼 종과 속이 온통 뒤섞이면서 식물들은 자신을 설명하는 저자들만큼이나 많은 명칭을 갖게 되었다. 그리하여 용어를 일치시켜 정리하는 연구는 식물 자체에 대한 연구만큼 오랜 시간이 소요되었고, 가끔은 더 어려운 한 분야가 되기도 했다.

그러다 마침내 위대한 두 형제가 나타났다. 그들이 식물학에 남긴 위업은 앞선 이들의 업적을 모두 합한 것 이상으로, 투른포르가 나타날 때까지는 후계들도 그들을 넘어서지 못했다. 이 예외적인 인물들은 식물학에 대한 방대한 지식과 탄탄한 연구로 불멸의 명성을 획득했다. 이들 장 보앵Jean Bauhin과 가스파르 보앵Gaspard Bauhin의 이름은 자연과학이 남아 있는 한 식물학이라는 학문과 함께 영원히 인류의 기억 속에 살아 있을 것이다.

* 모두 르네상스기 유럽에서 활동했던 식물학자들이다.

이 두 인물은 각자 독자적으로 식물에 관한 보편적 역사 기술을 시도했다. 그 글과 관련하여 특기할 만한 업적은 그들이 이명異名*, 즉 여러 명칭에 대한 정확한 목록을 작성하여 과거의 저자들을 이해할 수 있는 길을 터주었다는 것이다. 이는 과거의 저자들이 관찰해낸 것들을 적절히 활용하기 위해 절대적으로 필요한 작업이었다. 이러한 정리 작업 없이는 수많은 다른 이름으로 불리는 식물들 하나하나를 판별하고 추적하는 것이 거의 불가능했을 테니 말이다.

보앵 형제 중 형은 그의 사후에 출간된 세 권짜리 2절판 책에서 어느 정도 이 기획을 수행해냈으며, 아주 정확한 비평을 추가해 이명에 있어서는 거의 오류가 없을 정도였다. 동생은 그보다 더 광범위한 것을 기획했다. 그가 우리에게 남긴 것은 전체 기획 중 첫 번째 권뿐이지만, 그것만으로도 그에게 작업을 완료할 시간이 있었다면 얼마나 방대한 작품이 되었을지 추측하기에 어려움이 없다. 그의 『식물도감*Pinax Theatri Botanica*』은 방금 언급한 첫 번째 권 외에는 제목만 전해진다. 40년을 바친 작업의 결실인 『식물도감』은 식물에 대해 연구하면서 고대 저자들에게 조언을 구하고자 하는 이들에게 오늘날까지 훌륭한 지침이 되어주고 있다.

보앵의 명명법은 책의 각 장章에 붙은 표제들로 이루어지는 체계다. 이때 표제는 보통 여러 개의 단어로 구성된다. 식물의 이름을 선택할 때 다소 길고 어색한 문장을 사용하는 관습은 이로부터 유래했으며, 그 때문에 보앵의 명명법은 장황하고 어려울 뿐만 아니라 현학적이고 우스꽝스러운 모습을 띠게 되었다. 만일 이 같은 명명법 체계가 적절하게 수행되었다면 이 방식에도 어떤 이점이 있었을 것이다. 그러나 식물이 유래한 장소의 이름, 식물을 보낸 사람의 이름, 심지어 유사점이 발견된 다른 식물의 이름에 이르기까지 무차별적으로 구성된 문장은 새로운 당혹감과 의심을 가져왔다. 한 식물에 대한 지식을 얻기 위해서는 그 명칭이 참조하고 있는 다른 식물 여럿에 대한

---

* 동일한 식물에 붙은 여러 가지 다른 이름들을 의미한다.

지식 역시 필요했고, 그 식물들의 명칭이라고 해서 더 명확한 것도 아니었기 때문이다.

그럼에도 이 기나긴 항해가 지속되면서 식물학에는 새로운 보물들이 끊임없이 추가되었다. 오래된 이름들이 이미 우리의 기억을 짓누르고 있었지만, 다른 한편으로는 계속해서 새로이 발견되는 식물들에 새 이름을 붙여주어야 했다. 이 거대한 미로에서 길을 잃은 식물학자들은 탈출을 위한 실마리를 찾아야 했고, 마침내 방법론에 진지한 관심을 기울이게 되었다. 헤르만Paul Hermann, 리비누스Augustus Quirinus Rivinus, 레이John Ray 와 같은 이들이 각각 자신의 방법론을 제안했다. 그러나 이들 모두를 압도하는 이가 있었으니, 바로 불멸의 투른포르다. 그는 최초로 식물계 전체를 체계적으로 분류했고, 가스파르 보앵의 분류법에 자신의 속屬을 통합하는 등 부분적으로 개혁했다. 그러나 그는 기나긴 학명의 관행을 청산하지 않고 갱신하는 길을 택했다. 과거에서부터 전해지는 이름에 자신의 방법론에 따른 이름을 덧붙여 더 길게 만들기도 했다. 그리하여 그는 관계대명사를 사용하여 기존의 이름에 이어 붙이는 야만적인 관행을 도입했으며, 이는 하나의 동일한 식물을 전혀 다른 두 개의 속으로 설명하는 결과를 초래하기도 했다.

Dens leonis qui pilosella folio minus villoso : Doria quae jacobaea orientalis limonii folio : Titanokeratophyton quod litophyton marinum albicans.[*]

그리하여 명명법은 더 복잡해졌다. 이제 식물의 이름은 문장이 되었을 뿐만 아니라 총합문[†]에 이르기도 했다. 식물학자 플루커넷이 명명한 이 이름은 지금 내가 과장하고 있는 게 아님을 보여줄 것이다. "Gramen myloicophorum carolinianum, seu gramen altissimum, panicula maxima speciosa, e spicis majoribus compressiusculis utrinque pinnatis

---

[*] 투른포르가 붙인 식물 이름의 사례로, "qui" "quae" "quod" 등의 관계대명사로 이어져 있다.

[†] 여러 개의 절이 조화를 이루며 구성된 긴 문장을 뜻한다.

blattam molendariam quodammodo referentibus, composita foliis convolutus mucronatis pungendbus." Almag.137.

　　이러한 관행이 계속되었다면 식물학은 끝장났을 것이다. 완전히 끔찍스러워진 명명법 체계는 이 상태로 유지될 수 없었다. 개혁이 필수적이었고, 그렇지 않으면 자연사를 이루는 세 분야 중 가장 풍요롭고 매력적이며 까다롭지 않은 이 분야를 포기하는 수밖에 없을 것이었다. 그리하여 마침내 린네가 나타났다. 당시 생식기관을 이용한 분류체계와 그 체계가 제안하는 방대한 아이디어에 몰두하고 있던 린네는 모두가 그 필요성을 느끼고 있었지만 아무도 감히 시도하지 못했던 전면적인 개편 계획을 세웠고, 그것을 실행에 옮겼다. 린네는『비판적 식물학』에서 이 작업이 따라야 할 규칙을 마련한 후에『식물의 속屬』에서는 식물의 속을,『식물의 종種』에서는 식물의 종을 규정하는 작업을 이어갔다. 새로운 규칙과 조화를 이룰 수 있는 옛 이름들은 그대로 유지하고 그렇지 않은 것들은 다시 정했으며, 이를 통해 그는 마침내 자신이 정한 참된 학예의 원칙에 기초하여 계몽된 명명법 체계를 확립했다. 그는 자연으로부터 유래한 속명屬名들은 전부 그대로 보존했고, 그렇지 않은 것들은 식물의 참된 특징이 요구하는 바에 맞게 수정하고 단순화했으며, 통합하거나 분리해냈다. 이름을 고안할 때 그는 자신의 규칙을―가끔은 지나칠 정도로―충실하게 따랐다. 종의 경우 그것을 규정하기 위해서는 설명과 차이점을 나열하는 게 필수적이었으므로 문장 형태를 유지하는 것은 불가피했다. 단, 선별되고 맞춤한 소수의 전문 용어로 제한했다. 그리하여 그는 이질적인 것은 모두 배제하고 식물의 진정한 특징에서 이끌어낸 간결하고 훌륭한 정의를 내리는 데 전념했다. 이를 위해 그는 식물학 분야에 새로운 언어를 창안해내야 했는데, 이는 기존의 설명에서 보였던 기나긴 말의 우회로를 피할 수 있게 해주었다. 이 언어를 구성하는 단어들이 모두 키케로의 언어*인 것은 아니라는 불만이 제기되기도 했다. 만

*　라틴어를 의미한다.

일 키케로가 식물학에 관해 완성된 논문을 쓴 적이 있다면 이러한 불만도 합당한 의미를 가지리라. 이 단어들은 모두 그리스어거나 라틴어이며, 표현력이 풍부하고, 간결하고 울림이 있으며, 극도의 정확성을 보여주는 우아한 구성을 갖는다. 기하학자에게 대수학의 언어가 그러한 것처럼 식물학자에게 필수적이고도 편리한 이 새로운 언어는 식물학이라는 기예의 일상적인 실천 속에서 그 이점을 모두 담고 있다.

린네는 이미 알려진 방대한 수의 식물의 이름을 정리했지만, 거기에 이름을 붙이지는 않았다. 그가 하고자 하는 것은 사물을 정의하는 일이지 이름을 붙이는 일이 아니었기 때문이다. 문장은 결코 하나의 단어가 될 수 없으며, 그렇게 사용될 수도 없다. 그는 이러한 단점을 보완하기 위해 속명에다 통상명을 덧붙여 종을 서로 구별했다. 그리하여 식물의 이름은 두 단어 이하로 붙여졌으며, 분별력 있게 선택하여 정당하게 적용한 두 단어만으로도 미켈리Pietro Antonio Micheli나 플루커넷Leonard Plukenet의 기나긴 문장보다 식물에 대해 더 나은 지식을 제공할 수 있게 되었다. 물론 정식으로 보다 양질의 지식을 얻기 위해서 반드시 알아야만 하는 문장이 있다. 그러나 대상에 적절한 이름을 부여하기만 한다면 장황한 설명을 매번 전부 반복할 필요는 없는 것이다.

함께 정원을 거니는 사람이 허브나 장미의 이름을 물어보는데 마법의 주문처럼 들리는 기나긴 라틴어 단어를 토해내야 하는 것만큼 음침하고 우스꽝스러운 일도 없다. 데이트 현장에서 발생할 수 있는 이러한 곤란함과 현학성은 경박한 사람들이 식물학처럼 매력적인 학문에 반감을 갖게 하기에 충분했다.

명명법에 대한 개혁은 여러 이점을 가져다주기 위해 반드시 필요했지만, 린네가 가진 지식의 심오함이 아니었더라면 성공하기 어려웠을 것이다. 또한 새로운 체계가 보편적으로 채택될 수 있었던 데에는 이 위대한 자연학자의 유명세도 한몫했다. 개혁은 저항에 부딪히기도 했고, 지금도 어느 정도는 그러하다. 그럴 수밖에 없는 이유가 있다. 같은 연구를 하는 라이벌들은 이 명명법을 채택하는 것이 곧 자신의 열등함을 인정하는 것이라고 받아들였기 때문에 조심스러울 수밖에 없었다. 또한 린네의 명명법은 그의 체계 전체와 너무 밀접하게 연결되어 있어 누구도 감히 분리할 수 없는 것처럼 보이기도 했다. 일류 식물학자들은 자신이 오른 위치 정도면 다른 누구의 체계도 채택해서는 안 되고 자신의 이론을 가져야만 한다고 믿는다. 그러니 학예의 발전에서 자신의 역할이 차지하는 지분을 희생하고 싶어 하지 않을 것이다. 학예를 가르치는 사람들 중 그러한 명예에 무관심한 경우는 드물다.

국가적 차원의 질투심도 외국의 체계를 받아들이는 것을 반대하는 요인이다. 사람들은 자국의 저명인사들을 지지해야 할 의무가 있다고 믿는다. 특히 그들이 살아 있는 인물이 아닐 때는 더욱 그러하다. 그들 생전에는 자기애 때문에 그 우월함에 고통받았던 자들조차도 그들이 죽고 나면 존경을 아끼지 않고 영광스럽게 여기게 되곤 한다.

이러한 저항에도 불구하고 그 편리함과 유용성이 알려지면서 린네의 명명법은 거의 유럽 전역에서 보편적으로 채택되었다. 받아들이는 시간에 차이는 있었지만, 결국 거의 모든 곳이 그 영향력하에 놓였다. 심지어 파리까지도 말이다. 그때는 앙투안 드 쥐시외가 프랑스 왕의 정원에 자신의 명명법을 막 확립한 참이었다. 쥐시외는 전면적인 개혁의 영광을 누리기보다는 공공의 편리함을 더 선호했고, 그 체계는 그의 저명한 삼촌 베르나르 드 쥐시외Bernard de Jussieu에서부터 시작된 가문의 방법론이 요구하는 바에 따랐던 것으로 보인다. 린네의 명명법에도 여전히 결함은 있고, 비판의 여지가 많은 것도 사실이다. 그러나 부족한 점이 하나도 없는 보다 완벽한 명명법을 찾기 전까지 아무것도 택하지 않거나 투른포르, 가스파르 보앵의 문장으로 돌아가는 것보다 린네의 체계를 선택하는 편이 백 배는 더 나을 것이다. 게다가 더 나은 명명법이 나타난다 한들, 유럽의 식물학자들이 이미 익숙해져버린 이 명명법을 대체할 만큼 큰 성공을 거두기는 어려울 것이라 생각된다. 습관과 편리함이라는 이중의 구속 때문에 식물학자들은 새 명명법을 포기하는 고통을 감수하면서라도 지금의 체계를 유지할 것이다. 변화가 가능하려면 새로운 명명법의 창시자가 린네를 능가하는 신망을 얻어야만 하고, 다시 한번 유럽 전체가 그의 권위에 복종해야 할 것이다. 그러나 이것을 기대하기는 힘

들어 보인다. 체계의 훌륭함은 문제가 아니다. 단 한 국가에서만 새 체계를 선택하더라도 식물학이라는 학문은 새로운 미궁 속에 빠져들 것이며, 득보다 실이 클 것이기 때문이다.

린네의 업적은 방대하지만, 우리에게 알려진 식물을 전부 포괄할 수 없고 모든 식물학자들이 예외 없이 채택하지 않는 한에서 여전히 불완전할 것이다. 이 체계를 따르지 않는 저자들의 저서는 그들이 선대의 책들과 자신의 새로운 체계를 조화시키며 쏟은 것과 정확히 동일한 노고를 독자들에게도 요구하는 수밖에 없다. 우리는 하인리히 크란츠Heinrich Johann Nepomuk von Crantz가 린네를 향한 반감에도 불구하고 자신의 체계를 포기하고 린네의 명명법을 따른 것에 감사해야 한다. 그러나 할러Albrecht von Haller는 위대하고 탁월한 저서 『식물론』에서 둘 모두를 거부한다. 아당송은 여기서 더 나아간다. 그는 새로운 명명법을 취하고도 그것을 린네의 명명법과 어떻게 연결할 수 있는지에 관한 정보는 아무것도 제공하지 않았다. 할러는 그래도 린네의 속屬을 인용해주며, 가끔은 종種에 대한 문장을 인용하기도 한다. 그러나 아당송은 그 어느 것도 하지 않는다. 할러는 정확한 이명을 사용하기에, 그가 린네의 문장을 인용하지 않을 때도 독자는 최소한 이명을 통해 그것이 무엇인지 간접적으로 찾아낼 수 있다. 그러나 아당송과 그의 독자들에게 린네와 그의 저서는 아무런 의미도 없다. 아당송은 식별해낼 수 있는 그 어떤 정보도 남겨두지 않으며, 따라서 린네와 린네를 무자비하게 배척하는 아당송 중 하나를 선택하여 배제당한 책은 전부 불에 던져버리거나, 통합할 수 있는 지점이 전혀 없는 두 명명법을 조화시키는 새로운 과업에 도전하는 수밖에 없다. 그 과업이 결코 쉽지 않고 단기간에 수행할 수도 없음은 물론이다.

나아가 린네는 이명을 제대로 제공하지 않았다. 이전에 알려진 식물들의 경우 그는 보앵과 클루시우스를 인용하고 그들의 책에서 가져온 삽화를 하나씩 싣는 데 만족했다. 새롭게 발견한 이국의 식물에 대해서는 반 리데Hendrik Adriaan van Rheede, 룸피우스Georg Everhard Rumphius 등 동시대 저자 한둘을 인용하고 삽화를 싣는 정도에 그쳤다. 그의 기획 의도는 보다 확장된 편집 판본을 만드는 데 있지 않았다. 그가 다루는 식물 각각에 대해 기존의 자료 중 하나를 제공하는 것으로 충분했다.

이것이 현재의 상황이다. 나는 이상의 설명을 바탕으로, 분별 있는 독자 모두에게 묻고 싶다. 명명법에 대한 연구 없이 식물을 연구하는 게 도대체 어떻게 가능한가? 그것은 단어를 공부하지 않고서 언어에 능숙해지길 바라는 것과 마찬가지 아닌가? 물론 이름은 임의적인 것이고, 식물에 대한 지식이 명명법에 대한 지식에 반드시 의존하는 것도 아니며, 훌륭한 지성을 가진 사람이라면 식물 이름을 하나도 몰라도 훌륭한 식물학자가 될 수 있으리라 생각하기 쉬운 것도 사실이다.

그러나 책이나 기타 지성의 빛에 도움을 청하지 않고 혼자서 고작 시시한 식물학자나 되라고 하는 것은 우스꽝스러운 주장이며 실행하기도 어렵다. 문제는 과연 삼백여 년에 걸친 식물학의 연구와 관찰이 사라져야 하는지, 삼백 권에 걸친 삽화와 설명들이 불 속에 던져져야 하는지, 그 모든 학자가 이 광대하고도 값비싸며 고되고 위험한 과정을 거치면서 자신의 돈, 인생, 밤낮을 바쳐 얻은 지식이 후계자들에게 쓸모없는 것이 되어야만 하는지, 제로 점에서 시작한 사람이 오랜 연구와 조사로 인류가 지니게 된 지식을 혼자서 얻을 수 있는지의 여부다. 만일 그럴 수 없다면, 자연사를 구성하는 분야 중 가장 매력적인 이 세 번째 분야가 호기심 많은 사람들의 관심을 끌 가치가 있다면, 나는 물을 수밖에 없다. 앞선 저자들의 언어를 배우고 그들이 사용하는 명칭이 어느 식물에 대응하는지 배우는 데서 시작하지 않는다면 이미 획득한 지식을 어떻게 활용할 수 있겠느냐고 말이다. 그러므로 식물학 연구의 필요성을 인정하면서 명명법을 거부하는 일은 부조리한 모순이라 할 것이다.

일러스트
차례

첫 번째 편지

아스포델Asphodèle ... 15

히아신스Jacinthe ... 16

수선화Narcisse ... 19

사프란Safran ... 21

튤립Tulipe ... 22

두 번째 편지

냉이Bourse-à-pasteur ... 27

코크레아리아Cochléaire ... 28

꽃무Giroflée ... 31

보라십자화Julienne ... 33

말냉이Thlaspi ... 34

세 번째 편지

금작화Genêt ... 39

강낭콩Haricot ... 40

감초Réglisse ... 43

황기Sainfoin ... 47

네 번째 편지

바질Basilic   50

해란초Cymbalaire   53

흰 라미움Lamier blanc   55

송이풀Pédiculaire   56

샐비어Sauge   58

다섯 번째 편지

어수리Berce   63

에링고Chardon-Roland   67

처빌Cerfeuil   68

록샘파이어Perce-pierre   71

파슬리Persil   72

여섯 번째 편지

쓴쑥Absinthe   79

수레국화Bluet   80

엉겅퀴Chardon   83

데이지Pâquerette   87

민들레Pissenlit   90

일곱 번째 편지

아몬드Amande   95

버찌Cerise   97

자두Prune   98

여덟 번째 편지

클로버Trèfle   103